Python 程序设计教程

范建农　主编

俞书飞　倪俊杰　副主编

電子工業出版社

Publishing House of Electronics Industry

北京•BEIJING

内容简介

Python 语言因其语法简单、容易学习、扩展性强等特点，被越来越多的人所熟知，国内不少学校正在开设 Python 课程。本书是为全国高中信息技术新一轮课程改革而“量身定做”的，全书分为五章：第 1 章绪论，阐述了计算机科学和现代编程理念；第 2 章 Python 面向对象程序设计；第 3 章常用算法思想及其程序实现；第 4 章 Python 数据分析；第 5 章 Python 扩展应用。全书从 Python 语言的基础概念出发，由浅入深，从基础到应用，层层递进。

本书不仅详细介绍了 Python 语言的语法基础和编程特点，还将 Python 语言与常用算法思想、创客教育结合起来，通过 Python 编程来实现算法思想，利用 Python 语言的扩展性将其与硬件连接，实现“造物”，充分强调了计算思维。

本书主要面向 Python 程序设计初学者，可以作为高中信息技术编程教学的教辅资料。

图书在版编目（CIP）数据

Python程序设计教程 / 范建农主编. —北京：电子工业出版社，2017.7
ISBN 978-7-121-32091-0

Ⅰ. ①P… Ⅱ. ①范… Ⅲ. ①软件工具－程序设计－教材 Ⅳ. ①TP311.561

中国版本图书馆CIP数据核字(2017)第154011号

策划编辑：刘　芳
责任编辑：张贵芹
文字编辑：刘　芳
印　　刷：北京七彩京通数码快印有限公司
装　　订：北京七彩京通数码快印有限公司
出版发行：电子工业出版社
北京市海淀区万寿路 173 信箱　邮编：100036
开　　本：787×1092　1/16　印张：13.25　字数：278 千字
版　　次：2017 年 7 月第 1 版
印　　次：2024 年 7 月第 8 次印刷
定　　价：39.80 元

凡所购买电子工业出版社图书有缺损问题，请向购买书店调换。若书店售缺，请与本社发行部联系，联系及邮购电话：（010）88254888，88258888。

质量投诉请发邮件至 zlts@phei.com.cn，盗版侵权举报请发邮件至 dbqq@pehi.com.cn。
本书咨询联系方式：（010）88254507，liufang@phei.com.cn。

编 委 会

主　编：范建农

副主编：俞书飞　　倪俊杰

编　写：（以姓氏笔画为序）

李亮辰　　张　禄　　邵建勋　　范建农

胡海峰　　俞书飞　　倪俊杰　　虞颖健

序

在信息社会中，学生的信息技术素养，特别是计算思维的能力，已经成为未来职业生涯的核心竞争力之一。信息技术课程是发展学生信息技术素养的最重要途径。多年的实践表明：信息技术课程中的编程教学与训练在培养学生计算思维能力方面无可替代。当前在中学编程教学中普遍采用的语言，无论是学科趋势还是实际应用，都已经与社会发展及学生成长的要求相脱节。因此，信息技术教学中迫切需要引入一种（或多种）既迎合技术应用趋势，同时又能满足中学课堂教学需要的编程语言。

作为一种现代编程语言，Python 具有语法简单、开源、跨平台、扩展性强等诸多特点，且拥有众多功能强大的应用扩展库，是众多主流领域应用（如大数据分析）开发的首选语言。同时，Python 也是最易学易用的编程语言之一，特别是其信息技术基本概念的完美诠释、对各类开源硬件和数据分析的全面支持，使之尤其适合非计算机专业人员用作教学语言，以及进行轻量级的实验及原型开发等工作。因此，Python 已经成为国内外众多高校计算机通识课程中所使用的首选语言。在这样的大背景下，在中学信息技术编程教学中适当采纳 Python 似乎也顺理成章。但是，采用一种全新的编程语言教学意味着要对整个教学内容、教学环境、教学资源和评价方法进行重构，同时还涉及对信息技术教师重新培训等问题。因此，在中学阶段开设 Python 课程绝非易事。

本书作者都是活跃在教学一线的信息技术老师，他们很早就开始在其信息技术课堂及课外活动中使用 Python 语言进行编程教学，也包括支持创客课程及学科整合等方面的尝试，本书就是这些教师集体经验的结晶。

本书以中学开设 Python 课程的需要出发，结合课标要求，系统且详细地讲述了 Python 语言的核心内容，尤其难能可贵的是，本书通过各种经过实际教学检验的编程问题或案例，将课程标准所要求的算法和数据处理等方面知识无缝融入，对于有意学习 Python，或者初次使用 Python 进行编程教学的老师具有很好的引领作用。此外，本书还专辟篇幅介绍了几种典型 Python 扩展包，并附有支持开源硬件（如树莓派）和数据分析等典型应用的简洁而完整的实例，为读者深入学习 Python 提供指引。

有幸第一时间读到作者们的书稿，受益匪浅，希望本书的出版能鼓励更多信息技术老师学习 Python、使用 Python、推广 Python。

借此机会，权以为序。

首都师范大学教授　樊磊

2017 年 6 月

目　录

第1章 绪　论

- 计算机的演变历史、发展历程
- 数据与信息，计算机的结构框架，编程语言
- 计算机科学与编程
- 计算思维，问题求解，算法，程序，现代编程理念

1.1 计算机科学

从搜索引擎到智能手机，从社交网络到电子商务，从电影大片到航空航天，到处都需要计算，都离不开计算机这个工具。计算机正在迅速改变着世界，影响甚至颠覆着我们的观念、习惯和生活方式。计算机已经成为我们日常生活中必不可少的一部分，人人都需要使用计算机、学习计算机相关知识。计算机不只在改变我们的生活方式，更在改变着我们的思维模式，丰富着我们认识世界和改造世界的方法和手段，同时也让我们越来越多地使用计算机科学里一些描述问题、解决问题的方法。

计算机科学既研究计算机及其相关的各种现象和规律，也研究计算机系统结构、程序系统（即软件）、人工智能以及计算本身的性质和问题，包含各种各样与计算和信息处理相关的系统学科，从抽象的算法分析、形式化语法等，到更具体的如编程语言、程序设计、软件和硬件等。简单而言，计算机科学围绕着“构造各种计算机器”和“应用各种计算机器”而进行研究。

计算机科学扎根于其他学科，如工程学、数学、认知科学等。一些计算机专家像工程师一样，设计并创造新的事物；一些则像数学家，主要任务是解决一些计算问题，分析计算结果，并且验证其正确性；还有一些计算机专家的工作接近认知科学和心理学，他们的工作重心是研究人与计算机硬件及软件交互问题。但这些都只是计算机科学的一部分。

要想了解计算机，首先来看一下它的演变历史。

1.1.1 计算机的演变历史

计算机技术不断发展的原动力是人们对计算速度的不断追求。人工计算速度慢，容易出错，所以人们尝试发明一些快速的计算设备，用于进行快速精确的计算。最早的计算机雏形是算盘，如图 1-1 所示，它起源于北宋时代的串档算珠。算盘是中国古代劳动人民发明创造的一种简便的计算工具。

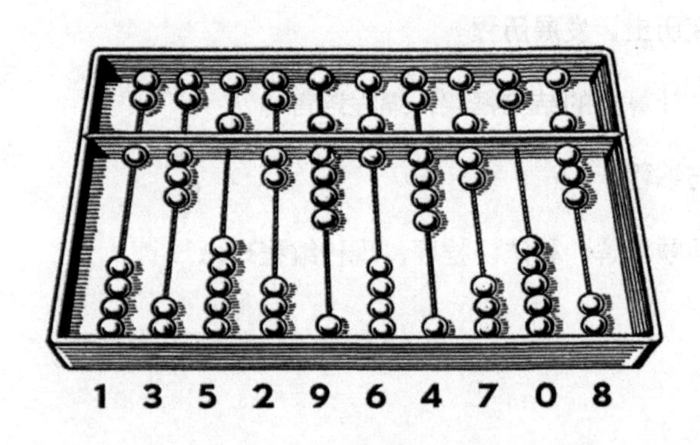

图 1-1 算盘

1642 年法国数学家帕思卡(Pascal)发明了现代计算机的雏形机——机械运算器,如图 1-2 所示。它在计算税收方面取得了巨大的成功。用户只需输入两个数，加减法运算则由机器自动完成。

图 1-2 加减法机械运算器

英国数学家查尔斯·巴贝奇（Charles Babbage）于 1822 年研制了第一台差分机，如图 1-3 所示，它能够提高乘法速度和改进对数表等数字表的精确度。1834 年他又设计了分析机，并提出一些创造性的建议，从而奠定了现代数字计算机的基础。他的分析机是一种机械式通用计算机，算得上是世界上第一台计算机。

图 1-3 差分机与分析机

1945 年，冯·诺依曼对世界上第一台电子计算机 ENIAC（电子数字积分计算机）的设计提出了建议，他在共同讨论的基础上起草 ENIAC 设计报告初稿，这对后来计算机的设计有决定性的影响，特别是确定计算机的结构，采用存储程序和二进制编码。

1.1.2 计算机的发展历程

1. 第一代计算机（1942 年—1955 年）

这一阶段计算机的主要特征是采用电子管元件作为基本器件，用光屏管或汞延时电路作为存储器，输入与输出主要采用穿孔卡片或纸带，特点是体积大、耗电量大、速度慢、存储容量小、可靠性差、维护困难且价格昂贵。在软件上，通常使用机器语言或者汇编语言来编写应用程序。因此，这一时代的计算机主要用于科学计算。

2. 第二代计算机（1955 年—1964 年）

20 世纪 50 年代中期，晶体管的出现使计算机的生产技术得到了根本性的发展，由晶体管代替电子管作为计算机的基础器件，用磁芯或磁鼓作为存储器，在整体性能上，相比第一代计算机有了很大的提高。同时也出现了如 Fortran、Cobol 和 Algol60 等计算机高级语言。

3. 第三代计算机（1955 年—1975 年）

20 世纪 60 年代中期，随着半导体工艺的发展，中小规模集成电路成为计算机的主要部件，主存储器也渐渐过渡到半导体存储器，因此减小了计算机的体积，大大降低了计算机计算时的功耗。由于减少了焊点和接插件，进一步提高了计算机的可靠性。在软件方面，有了标准化的程序设计语言和人机会话式的 Basic 语言，其应用领域也进一步扩大。

4. 第四代计算机（1975 年至今）

随着大规模集成电路的成功制作并应用于计算机硬件的生产过程，计算机的体积进一步缩小，性能进一步提高。集成了更高的大容量半导体存储器作为内存储器，发展了并行技术和多机系统，出现了精简指令集计算机（RISC），实现了软件系统工程化、理论化以及程序设计自动化。微型计算机在社会生活中的应用范围进一步扩大，几乎所有领域都能看到计算机的身影。

5. 第五代计算机

指具有人工智能的新一代计算机，它具有推理、联想、判断、决策、学习等功能。计算机的发展将在什么时候进入第五代？什么是第五代计算机？对于这样的问题，至今还没有一个明确统一的说法。

1.1.3 数据与信息

数据（Data）是指某一目标定性、定量描述的原始资料，包括数字、文字、符号、图形、图像以及它们能够转换成的数据等形式，比如 134、+9、“张三”都是数据。

信息（Information）是向人或机器提供关于现实世界事实的知识，是数据、消息中所包含的意义。比如，李四今年 9 岁，这个信息是关于李四的，承载了相应的信息，数据到信息的转换过程，通常称为数据处理。

简而言之，数据是对具有特定含义、有序或者结构化信息处理后的原始资料。

1.1.4 计算机的结构框架

追根溯源，我们还需要了解现代计算机的结构框架。图灵提出了图灵机模型，给出计算机设计的灵感，因此图灵机被公认为现代计算机的理论原型。图灵机模型被认为是计算机的基本理论模型，计算机使用相应的程序来完成一些设定好的任务。图灵机模型是一种离散的、有穷的、构造性的问题求解方法，一个问题的求解是可以通过构造其图灵机（算法与程序）来解决的。图灵认为（这就是著名的图灵可计算性问题）：**凡是能够用算法解决的问题，也一定能够用图灵机解决；凡是图灵机解决不了的问题，任何算法也解决不了。**

冯·诺依曼在图灵的计算机理论的基础上，提出了存储程序的概念和二进制原理，人们以此为基础设计的计算机系统统称为冯·诺依曼体系结构（如图 1-4 所示）计算机，此计算机有以下特点：

- 必须有一个存储器，用于存储数据和程序；数据与程序以二进制形式存储。
- 必须有一个控制器，用于实现程序的控制。
- 必须有一个运算器，用于完成算术和逻辑运算。
- 必须有输入和输出设备，用于实现人机之间的通信。

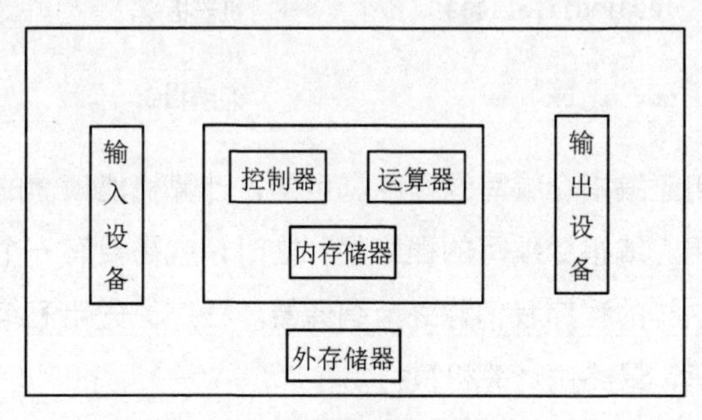

图 1-4 冯·诺依曼体系结构

图灵清晰地定义了计算，定义了通用机，同时证明了计算模型之间的等价关系，以及计算模型的极限，冯·诺依曼将计算机的定义用物理的手段有效地实现出来。理解这些思维方式对于深入理解算法和程序，理解程序的硬件执行过程是非常重要的。当前计算机已经不只是台式计算机和笔记本电脑了，计算机已无处不在，各种移动设备、智能家电或多或少地包含了计算机体系结构。理解这些内容，对于今后各种控制系统（包括硬件与软件）的设计与实现有着重要的现实意义。

现代计算机系统是一个复杂系统。它由硬件、软件和数据构成。硬件是指构成计算机系统的物理实体，是看得见、摸得着的实物。软件是控制硬件实体，按指定要求进行工作由有序指令构成的程序集合，看不见、摸不着，却是系统的灵魂。在信息社会中，人们关注的核心是数据本身，数据的产生、处理、管理、聚集，以及分析、挖掘、使用，最终利用数据为社会创造更多的价值。

1.1.5 编程语言

复杂的软件系统（如操作系统、网络应用程序、日常生活中的各类应用软件），如果用机器语言开发，那将是不可能的事情。下面我们来了解一下编程语言。

现代计算机程序由数值编码（二进制）的指令序列构成。这种编码形式的语言叫**机器语言**。

早期的程序设计均使用机器语言。程序员们将用数字 0 和 1 编成的程序代码打在纸带或卡片上，1 为打孔，0 为不打孔，再将程序通过纸带机或卡片机输入计算机，进行运算。这样的机器语言由纯粹的 0 和 1 构成，十分复杂，不方便阅读和修改，也容易产生错误。程序员们很快就发现了使用机器语言带来的问题，它们难以辨别和记忆，给整个产业的发展带来障碍，于是汇编语言产生了。

汇编语言的主体是汇编指令。汇编指令和机器指令的差别在于指令的表示方法。汇编指令使用的是便于记忆的书写格式。

操作：寄存器BX的内容送到AX中

1000100111011000	机器指令
mov ax,bx	汇编指令

此后，程序员们就用汇编指令编写源程序。可是，计算机能读懂的只有机器指令，那么如何让计算机执行程序员用汇编指令编写的程序呢？这时，就需要有一个能够将汇编指令转换成机器指令的翻译程序，这样的程序我们称之为编译器。程序员先用汇编语言写出源程序，再用编译器将其编译为机器码，最终由计算机执行。

汇编语言的实质和机器语言是相同的，都是直接对硬件进行操作，只不过指令采用了英文缩写的标识符，更容易识别和记忆。它同样需要编程者将每一步具体的操作用命令的形式写出来。

高级语言是目前绝大多数程序员的选择，与汇编语言相比，它不但将许多相关的机器指令合成为单条指令，还去掉了与具体操作有关但与完成工作无关的细节，大大简化了程序中的指令。同时，由于省略了很多细节，编程者也就不需要有太多的计算机底层知识。

1.1.6 计算机科学与编程

计算机编程是一个相当有用的工具，计算机科学使用它来解决一些计算问题，并找到满意的解决方案。计算机通过程序代码与计算机中的指令集和规则打交道，能够按人类的意图去处理信息。许多人将计算机科学等同于计算机编程，甚至有些人认为主修计算机科学就是当程序员。更有人认为计算机科学的基础研究已经完成，剩下的只是工程部分而已。编程是计算机科学的重要组成部分，它与计算机科学的关系，就像望远镜之于天文学。学习编程类似于学习一门新的外语，表达、书写等技能都需要学习与训练。编程语言的语法不像人类语言这么复杂，因为它的指令集数量不大，但现实中要解决的问题很多，所以编程也非常具有挑战性，要运用到很多其他学科的知识，如数学、工程学、生物学等。

1.2 计算机思维与编程

1.2.1 无处不在的计算

前面我们认识了计算机的工作原理，了解了计算机的发展历程，可以得出结论：计算机对信息进行的所有操作和处理都离不开计算！

什么是计算机中的计算呢？它是指一种应用比较复杂的法则与逻辑，用来解答某个困难的问题，它的过程较复杂，也不一定与数字有关。我们知道，计算机的运算器只有一个加法器，而计算机能够进行的“计算”任务不仅包括数值运算，也包括了在这个加法器上实现的更高阶的计算，还包括了大量的法则和逻辑等复杂的过程。

为什么要讲计算问题呢？因为下面我们会讲到可计算机性，指一个现实中的实际问题能否使用计算机来解决。我们不可能期待计算机能够解决世界上所有的难题，所以分析某个问题的可计算机性非常重要，使得我们不必浪费时间在不可能解决的问题上，集中精力与时间在可以解决的问题上。

1.2.2 计算思维 (Computational Thinking)

著名的计算机科学家、图灵奖获得者 Edsger W. Dijkstra 在 1972 年曾经说过这样一句话：“我们所使用的工具影响着我们的思维方式与习惯，从而也将深刻地影响着我们的思维能力。”

计算思维，顾名思义，就是指计算机、软件及相关学科中的专家和工程技术人员思考问题的模式。2006 年，美国计算机科学教授周以真提出了“计算思维”(Computational Thinking) 的概念，并指出计算思维是运用计算机科学的基础概念，进行问题求解、系统设计，以及人类行为理解等涵盖计算机科学之广度的一系列思维活动。计算思维如同人们日常生活中的读、写、算能力一样，是新世纪必须具备的思维能力；计算思维建立在计算过程的能力和限制之上，由机器执行。

计算思维的本质是抽象与自动化。抽象，即完全超过物理的时空观，并完全用符号来表示，但数学抽象是特例。自动化，即机械地一步一步地自动执行，其基础和前提是抽象。

人类一直在探索自动计算的奥秘，70 年来计算机科学深刻地改变着世界。计算机技术在现代社会的发展中发挥着越来越大的作用，计算已经成为继理论和实验之后的第三种科学方法。

计算思维是涵盖计算机科学的一系列思维活动，而计算机科学是计算的学问（什么是计算，怎样去计算），故计算思维有以下特点：

- 计算思维是概念化而不是程序化的。
- 计算思维是根本而不是一成不变的技能。
- 计算思维是人而不是计算机的思维方式。
- 计算思维是数学和工程学的互补与融合。
- 计算思维是思想而不是人造物。
- 计算思维是面向所有人的。

1.2.3 问题求解 (Problem Solving)

我们知道，现代计算机能够解决现实生活中的很多问题，但是也有很多的问题它解决不了。也就是说，计算机只能对可计算机性问题进行计算，而且具体怎么计算、用什么策略方法，它并不知道，这需要人来告诉计算机。我们要想对计算思维有一定的认识与了解，便不能只停留在概念的层面上，还应该运用计算思维理念进行实际问题的求解，并能够掌握其思想、过程与方法。高中生思维活跃，逻辑推理能力强，但实际问题的解决能力有待提高。学习编程是培养与训练计算思维行之有效的方法与途径，希望大家在编程实践中逐步体会并运用计算思维的理念，为以后计算机（特别是编程）专业学习中的应用打下扎实的基础。

让我们从具体的问题出发，了解和认识运用计算思维理念去求解问题。

案例 1：石头、剪刀、布的游戏（见图 1-5）

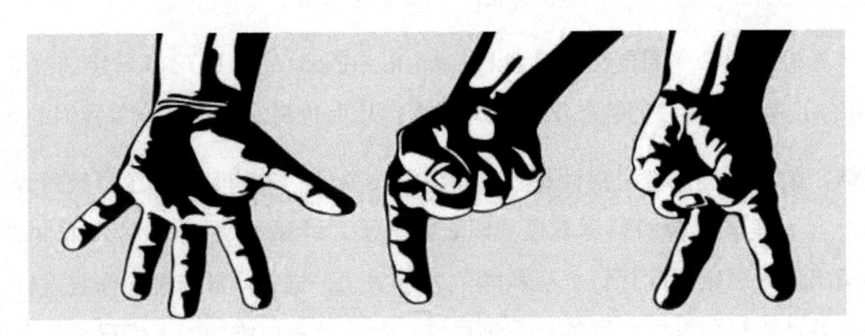

图 1-5　石头、剪刀、布游戏

分析：如果你出石头，计算机可能会出石头、剪刀或布中的任何一个。如果它出石头，平局；如果它出剪刀，你赢；如果它出布，你输。同理，可分析你的其他两种情况（剪刀、布），如表 1.1 所示，我们发现这个问题是可计算的，因为它在有限步骤内是可以被解决的。

虽然自然界中的问题纷繁复杂，但基本上可以划分为三大类：可计算机性问题、不可计算性问题和可计算但太复杂的问题，只有第一类才能利用计算机的计算功能。

表 1.1 石头、剪刀、布游戏的图表化分析（输赢针对玩家一方）

		玩家		
计算机		石头	剪刀	布
	石头	平局	输	赢
	剪刀	赢	平局	输
	布	输	赢	平局

从表格 1.1 中得出：Sum(平局)=3；Sum(赢)=3；Sum(输)=3。

P(平局)=1/3，P(赢)=1/3，P(输)=1/3。

其中 Sum 表示计数，P 表示概率，可以看出，这个游戏还是比较公平的。

抽象：

- 剪刀 Scissors=1
- 石头 Stone=2
- 布 Cloth=3

程序随机生成石头、剪刀、布中的一种，放在变量 Computer 中。

result = (user-computer +4) %3-1

（注：% 表示求余数。）

输出结果（见表 1.2）：

- Result=0 平局
- Result ＞ 0 玩家赢
- Result ＜ 0 玩家输

表 1.2 石头剪刀布游戏玩家输赢方阵

		玩家		
计算机		石头	剪刀	布
	石头	0	-1	1
	剪刀	1	0	-1
	布	-1	1	0

案例 2：斐波那契数列

斐波那契数列（Fibonacci Sequence），又称黄金分割数列，因数学家列昂纳多・斐波那契（Leonardoda Fibonacci）以兔子繁殖为例子而引入，故又称为“兔子数列”，指的是这样一个数列：0，1，1，2，3，5，8，13，21，34，……。斐波纳契数列在现代物理、准晶体结构、化学等领域都有直接的应用。斐波那契数列中的斐波那契数会经常出现在我们的生活中，比如松果、凤梨、树叶的排列、某些花朵的花瓣数（典型的有向日葵花瓣，如图 1-6 所示）、蜂巢、蜻蜓翅膀等。

图 1-6 自然中的斐波那契数列

分析：通过数学公式进行抽象，把数列记为 $F(n)$（$n \geqslant 0$）。$F(0)=0$，$F(1)=1$，根据定义，后面项的值为前面两项之和，转为函数可以表示如下：

$F(n)=n$　　　　　　　当 $n<=1$；

$F(n)=F(n-1)+F(n-2)$　　　当 $n>1$；

由公式得出，

$F(0) = 0$

$F(1) = 1$

$F(n) = F(n-1)+F(n-2)$　　　当 $n>1$ 时

举例：计算斐波那契数列第 6 项的值，也就是 $F(5)$，由前面公式可得：

$F(2) = F(1)+F(0)=1+0 =1$

$F(3) = F(2)+F(1)=1+1 =2$

$F(4) = F(3)+F(2)=2+1 =3$

$F(5) = F(4)+F(3)=3+2 =5$

求解过程剖析树状图如图 1-7 所示。

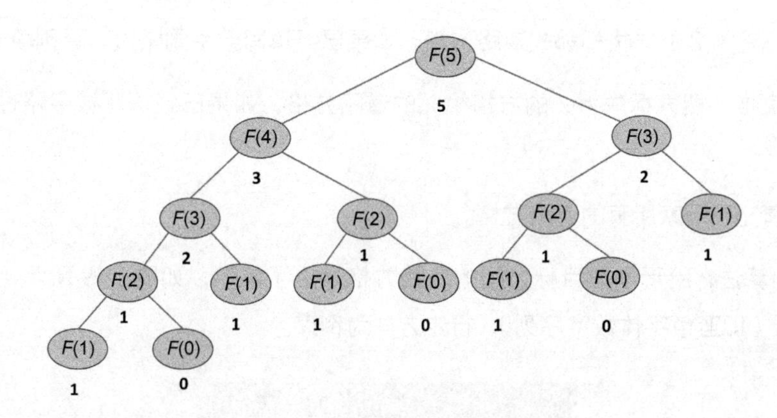

图 1-7　斐波那契数列 $F(5)$ 求解树状图

有了上述的分析，我们可以求解斐波那契数列任何一项 $F(n)$ 的值。

案例 3：《吃豆人》（Pac-Man）寻路

《吃豆人》要求控制游戏的主角小精灵吃掉藏在迷宫内所有的豆子，并且不能被幽灵抓到。我们要解决的问题是帮助玩家（Pac-Man）找到通往目标的最短路径。

先了解一下规则，如图 1-8 所示，界面由方格构成，深色底纹的为墙面，白色方格为道路。移动到相邻的方格计步数为 1，不能走对角线，且不能穿过墙面。

图 1-8　吃豆人游戏界面

分析：从目标处向玩家所在位置逼近，计算道路上经过的方格数，计步方法如下。

1．从目标方格出发，计步为 0；

2．搜索目标方格的相邻道路方格，标注计步数为 1；

3．搜索标注为 1 的方格相邻的道路方格，如果已经填写数字则略过，否则填充数字 2；

4．搜索标注为 2 的方格相邻的道路方格，如果已经填写数字则略过，否则填充数字 3；

5．依次类推，搜索标注为 *K* 的方格相邻的道路方格，如果已经填写数字略过，否则填充数字 *K*+1；

6．直到填充完玩家所有的道路方格。

按上面的算法，给玩家与目标之间的道路方格标注了数字，如图 1-9 所示，最后选择一条最优的路径（即蓝色字体数字序列），行走方向为倒序。

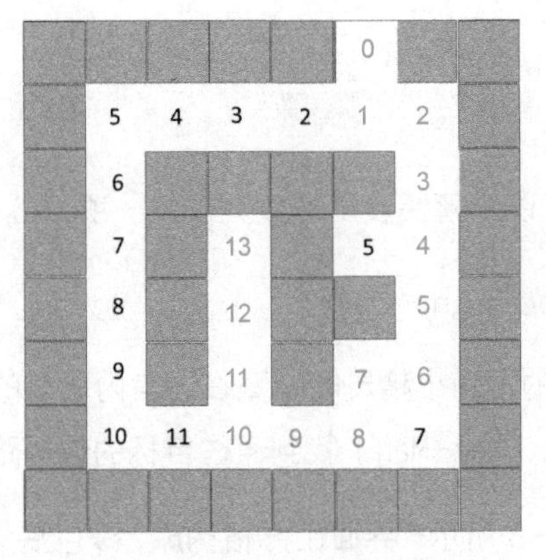

图 1-9 吃豆人游戏路径图

综合上面三个案例，问题求解的思路已经给出。如何编写成计算机能够执行的代码呢？一般的做法是先写出对应算法，再用具体的语言编程实现。

1.2.4 算法（Algorithm）

算法包含完成重要任务的方法和解决问题的技术。先进的算法对程序、软件系统影响很大，它可以减少开发时间，同时使执行速度加快。

计算机实现问题求解的核心在于算法，算法被称为计算机科学的灵魂，它提供了利用计算工具求解问题的关键技术。算法的定义很多，下面给出典型的定义。所谓算法，是一个有穷规则的集合，其中的规则规定了解决某个特定类型问题的一个运算序列。简而言之，算法规定了任务执行/问题求解的一系列步骤。公元 825 年，波斯数学家 Al-Khowarizmi 写了著名的《Persian Textbook》，书中概括了四则运算的法则。Algorithm 一词就来源于这位数学家的名字，后来字典中引入 Algorithm，并将其定义为“解决某种问题的任何专门的方法”，逐渐地，人们在求解代数方程时，开始采用算法的思想。

算法的研究起源于对数学问题的求解，公元前 300 年左右，欧几里得在其著作《几何原本》

第 7 卷中阐述了求解两个数的最大公约数的方法，即能够同时整除 M 和 N 的最大正整数的过程，这就是著名的欧几里得算法。

【算法描述】

这个算法是计算两个正整数的最大公约数，假定输入的数为两个正整数。

【算法过程】（见图 1-10）

步骤 1：将输入的两个正整数分配给 M 和 N，并假定 $M>N$（如果不满足，则交换二者的值）；

步骤 2：将 M 除以 N，得到余数为 R；

步骤 3：如果 R 不等于 0，则将 N 的值赋给 M，将 R 的值赋给 N，并且跳转到步骤 2；如果 R 等于 0，则当前 N 的值就是最初两个数的最大公约数。

计算步骤	M	N	R	最大公约数
	32	12		
1	32	12	8	?
2	12	8	4	?
3	8	4	0	4

图 1-10 计算过程模拟

我们也可以用一个日常生活中的例子来解释算法。比如削一篮子苹果，把削完的放在盘子里。

只要篮子里还有苹果就反复执行下面的操作（直到篮子里没有苹果）：

① 从篮子里取一个苹果；

② 用工具把果皮削掉；

③ 把削完皮的苹果放在盘子中；

④ 把果皮扔到垃圾箱中。

一个算法应该具有以下 5 个重要的特征：

- 有穷性（Finiteness）

算法的有穷性是指算法必须能在执行完有限个步骤之后终止。比如把所有正整数罗列出来，因为正整数的个数是无穷的，所以它就不能构成算法。

- 确切性（Definiteness）

算法的每一个步骤必须有确切的定义。

- 输入项（Input）

一个算法有 0 个或多个输入，用以刻画运算对象的初始情况，所谓 0 个输入是指算法本身给定了初始条件。

- 输出项（Output）

一个算法有 1 个或多个输出，以反映对输入数据加工后的结果。没有输出的算法是毫无意义的。

- 可行性（Effectiveness）

算法中执行的任何计算步骤都是可以被分解为基本的可执行的操作，即每个计算步骤都可以在有限的时间内完成（也称之为有效性）。

1.2.5 程序及编程实现

程序（Program）是为实现特定目标或解决特定问题而用计算机语言编写的命令序列的集合，是为实现预期目的而进行操作的一系列语句和指令的集合。一般分为系统程序和应用程序两大类。

计算机**程序设计**（Computer Programming）是指设计、编制、调试程序的方法和过程。程序是软件的本体（软件 = 程序 + 文档），软件的质量主要取决于程序的质量，在软件研究中，程序设计的工作非常关键，其内容涉及有关的基本概念、工具及方法等。

1.3 现代编程理念

- 从常用的计算机知识点、术语的学习展开，计算思维是随着知识的贯通而形成的，应用能力也随着计算思维的理解而提高。
- 从问题分析着手，强化如何进行抽象，如何将现实问题抽象为一个数学问题或者形式化的问题，提高问题表述及问题求解的严谨性。
- 通过图示化方法来展现复杂思绪，可以让问题一目了然；通过规模较小的问题求解示例来理解复杂问题的求解方法；通过社会、自然等人们身边的问题，理解计算科学家是如何进行问题求解的。
- 平时多提出问题及参与问题的讨论，从简单问题出发，让自己从较浅的理解层次逐步过渡到较深的理解层次，通过不同视角和递进的讨论，让自己理解和确定前行的方向。

课后思考题

算法：给定一个英语字典，找出其中的所有变位词集合。例如，“pots”、“stop”和“tops”互为变位词，因为每一个单词都可以通过改变其他单词中字母的顺序来得到。

第2章 Python面向对象程序设计

- Python 的来历与特征，Python 相应软件的安装，Python 的应用案例
- 对象的基本概念、常用类型、特征
- 变量的含义、命名规则、赋值
- 不同运算符的特点及其优先级
- 函数的定义及其调用，内建函数，自定义函数
- 列表，元组，字典
- 布尔类型，比较运算符，布尔运算符，条件判断语句，循环语句

2.1 Python面向对象程序设计

学习重点

1. Python 的来历与特征
2. Python 的相应软件安装
3. Pyhton 应用案例

Python 是一种面向对象的解释型计算机程序设计语言。它将对象作为程序的基本单元，将程序和数据封装其中，将相关逻辑和属性组合形成一个函数，将行为和函数组合形成一个类，以提高 Python 的可重用性、灵活性和可扩展性。对象是指人们观察分析的任意事物，从数学中很简单的自然数到现实中结构复杂庞大的航空母舰等，均可看作对象，它不仅能表示具体的数字、物体，还能表示抽象的概念、规则和计划等。

Python 是如何起源的呢？Python 又为什么会被大众接受，风靡全球呢？下面来了解一下 Python 的相关知识。

2.1.1 Python 的来历与特征

Python 的创始人为 Guido van Rossum。1989 年，Guido 在阿姆斯特丹为了打发无趣的圣诞节假期，决心开发一个新的脚本解释程序，作为当时社会上常用的 ABC 语言的一种继承和替代。Guido 希望这种语言能介于 C 和 shell 之间，功能全面，易学易用，可拓展。之所以选中 Python（大蟒蛇的意思）作为该编程语言的名字，是因为 Guido 是一个叫 Monty Python 的喜剧团体的爱好者。

ABC 是由 Guido 参加设计的一种教学语言。在 Guido 看来，ABC 这种语言非常优美和强大，是专门为非专业程序员设计的。但是 ABC 语言并没有成功，究其原因，Guido 认为是其非开放的设计造成的。Guido 决心在 Python 中避免这一错误。同时，他还想实现在 ABC 中闪现过但未曾实现的东西。就这样，Python 在 Guido 手中诞生了。

现如今，Python 已经成为最受欢迎的编程语言。据 TIOBE 开发语言排行榜 2017 年 3 月的最新数据来看，Python 依然长期稳定在最流行使用程度前五名之列。为什么 Python 会如此受欢迎呢？因其具有如下基本特征：

（1）简单：Python 是一种代表简单主义思想的语言。阅读一个良好的 Python 程序就感觉像是在读英语一样，尽管这个英语的要求非常严格！ Python 的这种伪代码本质是它最大的优点之一。它能够使你专注于解决问题而不是去搞明白语言本身。

（2）免费、开源：Python 是 FLOSS（自由/开放源码软件）之一。简单地说，你可以自由地发布这个软件的拷贝、阅读它的源代码、对它做改动、把它的一部分用于新的自由软件中。FLOSS 是基于一个团体分享知识的概念。Python 如此优秀的原因之一：它是由一群希望看到一个更加优秀的 Python 的人创造并经常改进的。

（3）面向对象：Python 既支持面向过程的编程也支持面向对象的编程。在“面向过程”的语言中，程序是由过程或可重用代码的函数构建起来的。在“面向对象”的语言中，程序是由数据和功能组合而成的对象构建起来的。与其他主流的面向对象语言如 C++ 和 Java 相比，Python 以一种非常强大又简单的方式实现面向对象编程。

（4）可扩展性：如果你需要一段关键代码运行得更快或者希望某些算法不公开，你可以把这部分程序用 C 或 C++ 编写，然后在你的 Python 程序中调用它们。

2.1.2 Python 的相应软件安装

1. Python 安装

目前，Python 有两个版本，一个是 2.x 版，一个是 3.x 版，这两个版本是不兼容的。现在 3.x 版越来越普及，本书使用 3.6.0 版作为讲解的版本。

（1）下载 Python 软件

如果是 64 位系统，下载地址为：https://www.python.org/ftp/python/3.6.0/python-3.6.0-amd64.exe。

如果是 32 位系统，下载地址为：https://www.python.org/ftp/python/3.6.0/python-3.6.0.exe。

（2）下载好了以后，双击打开程序，运行 exe 安装包，出现如图 2-1 所示对话框。

图 2-1 Python 安装对话框

（3）将 Add Python 3.6 to PATH 打钩，然后点击 Install Now 安装。

（4）安装成功后，打开 Windows 自带的 cmd 命令提示符，输入“python”，出现如图 2-2 所示情况，说明安装成功。

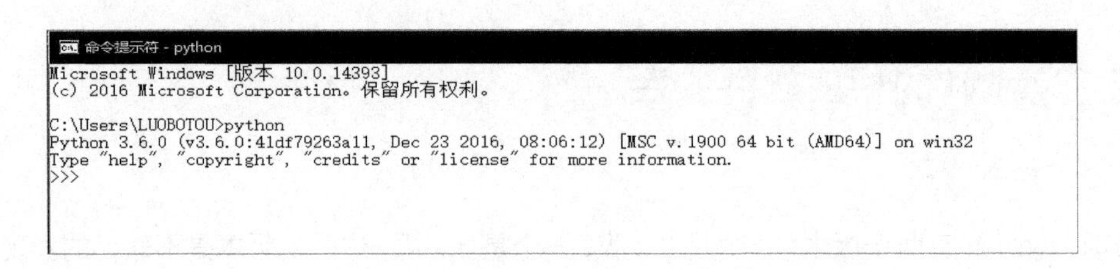

图 2-2 cmd 命令提示符

（5）安装成功后，可以在图 2-3 中的菜单栏中找到 Python 的程序。

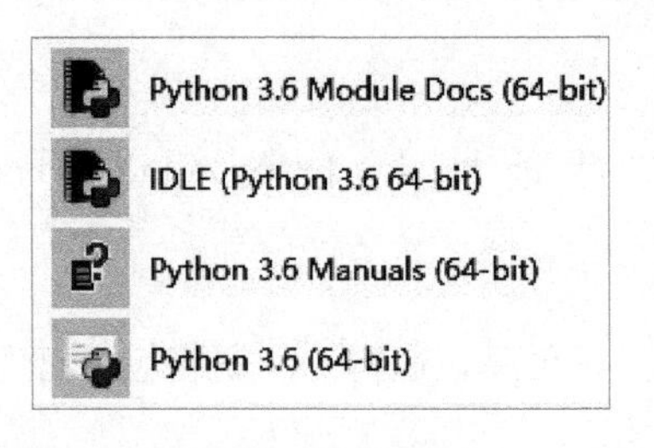

图 2-3 使用环境选项

（6）其中 Python 3.6 是 Python 的命令提示符交互环境，如图 2-4 所示，可以直接在其中输入 Python 代码，并运行程序。

```
Python 3.6 (64-bit)
Python 3.6.0 (v3.6.0:41df79263a11, Dec 23 2016, 08:06:12) [MSC v.1900 64 bit (AMD64)] on win32
Type "help", "copyright", "credits" or "license" for more information.
>>>
```

图 2-4　命令提示符交互环境

（7）IDLE 是 Python 的程序编辑器，可以通过它来编写 py 文件。在 Python 中，程序源代码保存在以 py 为扩展名的文件中，如图 2-5 所示，这种文件由 Python 解释、运行，不需要额外的编译器。

hello_world.py - C:\Users\LUOBOTOU\Desktop\hello_world.py (3.6.0)
File Edit Format Run Options Window Help
#!/usr/bin/env python3
# -*- coding: utf-8 -*-
from tkinter import *
import tkinter.messagebox as messagebox
class Application(Frame):
def __init__(self, master=None):
Frame.__init__(self, master)
self.pack()
self.createWidgets()
def createWidgets(self):
self.nameInput = Entry(self)
self.nameInput.pack()
self.alertButton = Button(self, text='Hello', command=self.hello)
self.alertButton.pack()
def hello(self):
name = self.nameInput.get() or 'world'
messagebox.showinfo('Message', 'Hello, %s' % name)
app = Application()
# 设置窗口标题:
app.master.title('Hello World')
# 主消息循环:
app.mainloop()
Ln: 1 Col: 0

图 2-5　py 文件

（8）保存为 py 文件后，可以在 cmd 里找到文件路径，如图 2-6 所示，然后输入文件名就可以直接运行。（注：本书中所涉及的程序带有“>>>”提示符的是在 Python 3.6 运行环境下编写，不带提示符的程序为 IDLE 环境下编写。）

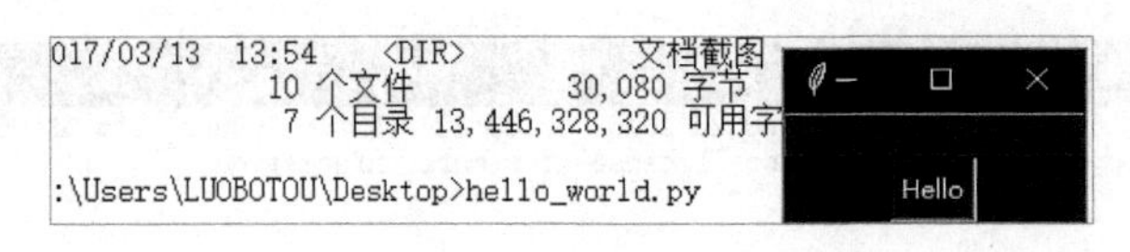

图 2-6 文件路径

2. pip 包安装

安装好 Python 后，如果想用一些扩展库的话，就需要安装 pip 包，如图 2-7 所示 pip 是 Python 的库安装软件。可在 Python 的官网 https://pypi.python.org/pypi/pip#downloads 找到 pip 9.0.1 的压缩包，并下载。

File	Type	Py Version	Uploaded on	Size
pip-9.0.1-py2.py3-none-any.whl (md5, pgp)	Python Wheel	py2.py3	2016-11-06	1MB
pip-9.0.1.tar.gz (md5, pgp)	Source		2016-11-06	1MB

图 2-7 pip 包

下载后解压，在解压文件夹中找到 setup.py，如图 2-8 所示。

名称	修改日期	类型	大小
docs	2016/11/7 2:49	文件夹	
pip	2016/11/7 2:49	文件夹	
pip.egg-info	2016/11/7 2:49	文件夹	
AUTHORS.txt	2016/11/7 2:49	文本文档	13 KB
CHANGES.txt	2016/11/7 2:49	文本文档	62 KB
LICENSE.txt	2016/11/7 2:49	文本文档	2 KB
MANIFEST.in	2016/11/7 2:49	IN 文件	1 KB
PKG-INFO	2016/11/7 2:49	文件	3 KB
README.rst	2016/11/7 2:49	RST 文件	2 KB
setup.cfg	2016/11/7 2:49	CFG 文件	1 KB
setup.py	2016/11/7 2:49	Python File	3 KB

图 2-8 找到 setup.py 文件

在 cmd 中找到对应路径，输入 python setup.py install，如图 2-9 所示，就可以安装 pip 了。

```
C:\Users\LUOBOTOU\Downloads\pip-9.0.1.tar\dist\pip-9.0.1>python setup.py install
running install
```

图 2-9 输入安装命令

以下通过一个例子来演示如何使用 pip 安装第三方扩展库。Pandas 是 Python 的数据处理扩展库，我们通过 pip 来安装 Pandas，在命令行里输入 pip intall pandas，如图 2-10 所示，就可以安装 Pandas 了。

```
C:\Users\LUOBOTOU>pip install pandas
Collecting pandas
  Downloading pandas-0.19.2-cp36-cp36m-win_amd64.whl (7.2MB)
    100% |████████████████████████████████| 7.2MB 67kB/s
Collecting numpy>=1.7.0 (from pandas)
  Downloading numpy-1.12.0-cp36-none-win_amd64.whl (7.7MB)
    100% |████████████████████████████████| 7.7MB 54kB/s
Collecting python-dateutil>=2 (from pandas)
  Using cached python_dateutil-2.6.0-py2.py3-none-any.whl
Collecting pytz>=2011k (from pandas)
  Using cached pytz-2016.10-py2.py3-none-any.whl
Collecting six>=1.5 (from python-dateutil>=2->pandas)
  Using cached six-1.10.0-py2.py3-none-any.whl
```

图 2-10　安装 Pandas

当用 pip 安装了许多扩展库以后，如果想将所有库更新到兼容的最新版本中，可以用如下代码创建一个 py 文件进行批量更新。

```
import pip
from subprocess import call

for dist in pip.get_installed_distributions():
    call("pip install --upgrade " + dist.project_name, shell=True)
```

2.1.3 Pyhton 应用案例

由于 Python 语言的简洁性、易读性以及可扩展性，在国外用 Python 作为科学计算的研究机构日益增多，一些知名大学已经采用 Python 来教授程序设计课程。例如，卡内基·梅隆大学的编程基础、麻省理工学院的计算机科学及编程导论就使用 Python 语言来讲授。众多开源的科学计算软件包都提供了 Python 的调用接口，如著名的计算机视觉库 OpenCV、三维可视化库 VTK、医学图像处理库 ITK 等。而 Python 专用的科学计算扩展库就更多了，如 NumPy、SciPy 和 matplotlib，它们是十分经典的科学计算扩展库，分别为 Python 提供了快速数组处理、数值运算以及绘图功能。因此 Python 语言及其众多的扩展库所构成的开发环境，十分适合工程技术和科研人员处理实验数据、制作图表，甚至开发科学计算应用程序。

Python 的应用范围非常广泛，也能被用来制作网站。Python 作为网络上使用流行度排名前五的语言，目前已经有大量的网络公司选择使它用来编写自己的网站。众所周知的豆瓣、果壳网、知乎等网站都是基于 Python 开发的。

1．关于 Python，下面说法错误的是（　　）。

A．Python 是一种面向对象的编程语言

B．Python 代码只能在交互环境中运行

C．pip 是 Python 的一个数据处理的扩展库

D．Python 是现在最受欢迎的编程语言

2．关于 Python，下面说法正确的是（　　）。

A．Python 可以直接在 IDLE 中运行

B．安装 Python 时，Add Python to PATH 可有可无

C．Python 的扩展库要通过 pip 来安装

D．Python 文件不能直接在命令行中运行

编程语言的发展历程

年份	标题	主要特点
1957 年	FORTRAN	世界上最早出现的计算机高级程序设计语言
1958 年	LISP	拥有理论上最高的运算能力，在绘图软件上的应用非常广泛
1959 年	COBOL	数据处理领域应用最为广泛的程序设计语言
1964 年	BASIC	简单易学，功能丰富
1968 年	Logo	主要功能为绘图
1970 年	Pascal	具有较强的可读性，第一个结构化的编程语言
1970 年	Forth	广泛用于天文学界
1972 年	C	兼有高级语言和汇编语言的特点，不依赖于计算机硬件
1972 年	Smalltalk	第一个真正的集成开发环境
1975 年	Scheme	可以编译成机器码，用于训练人的机器化思维
1978 年	SQL	用于存取数据，查询、更新和管理关系型数据库系统
1980 年	C++	静态数据类型，支持多重编程范式，使用非常广泛
1984 年	Common Lisp	动态数据类型，通用用途
1984 年	MATLAB	面向科学计算、可视化及交互式程序，主要应用于工程计算、控制设计、金融建模设计等
1986 年	Objective-C	扩充 C 的面向对象编程语言
1986 年	Erlang	通用的面向并发的编程语言，运用于虚拟机的解释
1987 年	Perl	内部集成了正则表达式的功能，拥有巨大的第三方代码库
1990 年	Haskell	纯函数式编程语言
1991 年	Python	语法简洁、清晰，具有丰富和强大的类库
1991 年	Visual Basic	包含协助开发环境的事件驱动式编程语言

续表

1991 年	HTML	用于描述网页文档的一种标记语言
1993 年	Ruby	面向对象程序设计的脚本语言，简单、快捷
1993 年	Lua	为应用程序提供灵活的扩展和定制功能，不适合用作开发独立的应用程序
1995 年	Java	具有通用性、高效性、平台移植性、安全性，广泛应用于个人 PC、游戏控制台等
1995 年	Delphi (Object Pascal)	以图形界面为开发环境，以面向对象程序设计为中心的应用程序开发工具
1995 年	JavaScript	短小精悍的脚本语言，广泛应用于 Internet 网页制作
1995 年	PHP	一种在服务器端执行的嵌入 HTML 文档的脚本语言
1999 年	D	集垃圾回收、手工内存操作、契约式设计、高级模版技术等的系统级编程语言
2000 年	C#	微软公司 .NET Windows 网络框架的主角
2009 年	Go	可以在不损失应用程序性能的基础上降低代码的复杂性

详情请见附录 1。

2.2 基本对象类型

1. 对象的基本概念
2. 对象的常用类型
3. 对象的特性

2.2.1 对象的基本概念

“万物皆对象”，这是 Python 语言的重要法则。

在讲解对象类型之前，我们必须先了解面向对象的概念。想知道面向对象的基本概念，我们就要提到类和对象。类是具有相同数据结构（属性）和相同操作功能（行为）对象的集合。对象就是符合某种类所产生的一个实例。对象与类的关系是：对象的共性抽象为类，类的实例化就是对象。打个比方，小明是杭州人，那么小明就是杭州人中具体的一个，小明就是对象，而杭州人就是类。有趣的是，在 Python 中，万物皆对象，就像在杭州人上面有浙江人，在浙江人上面有中国人，杭州人是浙江人的对象，浙江人是中国人的对象，而浙江人是杭州人的类，中国人是浙江人的类。如果是这样，那在 Python 中，类与对象会一直向上衍生，然后无穷无尽吗？答案是否定的，Python 存在一个 object 与 type 的数据结构，object 是所有类的父类（除了它自己），type（或者 type 的子类）是所有类的类。object 与 type 共存共生，构成了面向对象最基础的结构。object 与 type 的具体关系在这里不做过多的阐述，读者只需要明白有 type 与 object 的存在。由于 type 是所有类的类，因此我们可以用 type() 函数去知道某个对象所属的类。

在 Python 程序中，每个数据都是对象，而数据的类就是各种数据类型，每个数据都有自己的类型。不同类型有不同的操作方法，使用内置数据类型独有的操作方法，可以更快地完成很多工作。

2.2.2 对象的常用类型

对于对象的类型，我们只需要了解 Python 常用的数据类型。Python 有 5 个标准的数据类型：数字、字符串、列表、元组、字典。在本节中，只介绍数字和字符串，对于更高级的列表、元组和字典，将在后面的章节中做详细的讲解。

1. 数字类型

在 Python 中常用的数字类型一共有 3 种：

（1）整形（int）。整形的意义和我们在数学中的整数是相同的，整形的数只包括正整数、负整数和 0。

（2）浮点型（float）。浮点型既可以表示整数，也可以表示小数。

（3）复数（complex）。该类型是用来表示复数的，与数学上的复数相同，用后面加 j 来表示虚数部分。

在 Python3.6 以前，还有 long 型的数据，表示长整形，但由于已经被删除了，在此不做解释。

例 2-1：

```
>>> type(123)
<class 'int'>
>>> type(-123)
<class'int'>
>>> type(1.2)
<class 'float'>
>>> type(-1.2)
<class 'float'>
```

```
>>> type(10j)
<class 'complex'>
>>> type(10+10j)
<class 'complex'>
```

2. 字符串类型

字符串类型(str) 由 0 个或多个字符组成的有限串行，可以用单引号或双引号表示。

```
>>> type('abc')
<class 'str'>
>>> type("abc")
<class 'str'>
```

字符型与数字型之间不能够进行相互运算，例如：

```
>>> a="123"
>>> b=4
>>> a+b
Traceback (most recent call last):
  File "<pyshell#8>", line 1, in <module>
    a+b
TypeError: Can't convert 'int' object to str implicitly
```

在这个程序中，a 的数据类型为字符串型，b 的数据类型为整型，如果 a 和 b 直接运算，程序将会报错。如果想相互运算，需要进行转换：

```
>>> int(a)+b
127
>>> a+str(b)
'1234'
```

经过格式转换后，a 和 b 被转换为相同的数据类型，就可以进行运算了。

2.2.3 对象的特性

对于 Python，每一个对象都有 3 个特性：值、身份和类型。

1. 值

每一个对象都有自己的实际意义，称为值。对于某个数字型数据来说，值就是数字大小。

2. 身份

每一个对象都有一个唯一的身份来标志自己，任何对象的身份可以使用内建函数 id() 来得到。id() 函数的返回值就是该对象的内存地址。

例 2-2：

```
>>> id(int)
```

```
1782446560
>>> id(str)
1782460208
>>> id(123)
498794096
>>> id("123")
52919184
>>> id('a')
6517512
```

从例 2-2 中可以得到，数据类型的 int 和 str 也是对象，也有对应的 id，这符合 Python 中“万物皆对象”的理念。

3. 类型

对象的类型即它所属的类，在上面我们已经使用过 type() 来查看对象的类型，这里不做过多解释。

例 2-3：

```
>>> type(int)
<class 'type'>
>>> type(str)
<class 'type'>
>>> type(type)
<class 'type'>
>>> type(123)
<class 'int'>
>>> type(123.4)
<class 'float'>
>>> type("123")
<class 'str'>
```

由例 2-3 我们可以知道 int 和 str 的类是 type 的，而 type 的类也是 type 的，这符合 Python 面向对象的要求。

1．在 Python 中运行语句 type(1000000) 的返回结果是（　　）。

A．long　　B．int　　C．<class ‘int’>　　D.<class ‘long’>

2．已知在 Python 中运行语句：id(3) 的返回结果是：503181168。那么运行语句 id(1+2) 的返回结果是（　　）。

A．‘503181168’　　B．大于 503181168

C．小于 503181168　　D．503181168

阅读材料

一、面向对象特征概述

面向对象设计是一种把面向对象的思想应用于软件开发，并指导开发活动的系统方法，是建立在对象概念基础上的方法学。对象是由数据和操作组成的封装体，与客观实体有直接的对应关系，一个对象类定义了具有相似性质的一组对象。面向对象程序设计具有抽象性、封装性、继承性和多态性等特征。

抽象：指从事物中舍弃个别的、非本质的特征，而抽取共同的、本质的特征的思维方式。

封装：将数据和代码捆绑到一起，避免了外界的干扰和不确定性。对象的某些数据和代码可以是私有的，不能被外界访问，以此实现对数据和代码不同级别的访问权限。

继承：让某个类型的对象获得另一个类型的对象的特征。通过继承可以实现代码的重用：从已存在的类中派生出的一个新类将自动具有原来那个类的特性，同时，它还可以拥有自己的新特性。

多态：指一般类和特殊类可以有相同格式的属性或操作，但这些属性或操作具有不同的含义，即具有不同的数据类型或表现出不同的行为。

二、面向对象设计方法发展历史

在这里把面向对象方法的发展分为三个阶段：雏形阶段、完善阶段和繁荣阶段。

（一）雏形阶段

1967 年挪威计算中心的 Kisten Nygaard 和 Ole Johan Dahl 开发了 imula67 语言，首先引入了类的概念和继承机制，它是面向对象的先驱。1972 年 Palo Alno 研究中心（PARC）发布了 Smalltalk-72，正式使用了“面向对象”这个术语。Smalltalk 的问世标志着面向对象程序设计方法的正式形成。

可以说自从出现了面向对象语言之后，面向对象的思想才得到了迅速发展。在过去的几十年中，程序设计语言对抽象机制的支持程度不断提高：从机器语言到汇编语言，到高级语言，直到面向对象语言。汇编语言出现后，程序员就避免了直接使用 0-1，而是利用符号来表示机器指令，从而更方便地编写程序；当程序规模继续增长的时候，出现了 FORTRAN、C、Pascal 等高级语言，这些高级语言使得编写复杂的程序变得更加容易，程序员们可以更好地应对日益增加的复杂性。

（二）完善阶段

PARC 先后发布了 Smalltalk-72、Smalltalk-76 和 Smalltalk-78 等版本，直至 1981 年推出该语言的完善版本 Smalltalk-80。Smalltalk-80 的问世被认为是面向对象语言发展史上的里程碑。迄今绝大部分面向对象的基本概念及其支持机制在 Smalltalk-80 中都已具备。它是第一个完善的、能够在实际中应用的面向对象语言。但是随后的 Smalltalk-80 应用尚不够广泛，其原因是：

1. 追求纯 OO 的宗旨使得许多软件开发人员感到不方便。

2. 一种新的软件开发方式被广泛地接受需要一定的时间。

3. 针对该语言的商品化软件开发工作到 1987 年才开始进行。

（三）繁荣阶段

从 20 世纪 80 年代中期到 90 年代，是面向对象语言走向繁荣的阶段。其主要表现是大批比较实用的面向对象编程语言的涌现，例如 C++、Objective-C、Object Pascal、CLOS、Eiffel 和 Actor 等。这些面向对象的编程语言分为纯 OO 型语言和混合型 OO 语言。混合型语言在传统的过程式语言基础上增加了 OO 语言成分，在实用性方面具有更大的优势。此时的纯 OO 型语言也比较重视实用性。现在，在面向对象编程方面，普遍采用语言、类库和可视化编程环境相结合的方式，如 Visual C++、JBuilder 和 Delphi 等。面向对象方法也从编程发展到设计、分析，进而发展到整个软件生命周期。

到 20 世纪 90 年代，面向对象的分析与设计方法已多达数十种，这些方法都各有所长。目前，统一建模语言已经成为世界性的建模语言，适用于多种开发方法。把 UML 作为面向对象的建模语言，不但在软件产业界获得了普遍支持，在学术界的影响也很大。在面向对象的过程指导方面，目前还没有发布国际规范。当前较为流行的用于面向对象软件开发的过程指导有“统一软件开发过程”（RUP）和国内的“青鸟面向对象软件开发过程指导”等。

三、面向对象设计方法应用现状

当前，面向对象方法几乎覆盖了计算机软件领域的所有分支。例如，已经出现了面向对象的编程语言、面向对象的分析、面向对象的设计、面向对象的测试、面向对象的维护、面向对象的图形用户界面、面向对象的数据库、面向对象的数据结构、面向对象的智能程序设计、面向对象的软件开发环境和面向对象的体系结构等。此外，许多新领域都以面向对象理论为基础或作为主要技术，如面向对象的软件体系结构、工程领域、智能代理、基于构件的软件工程和面向服务的软件开发等。

2.3 变量

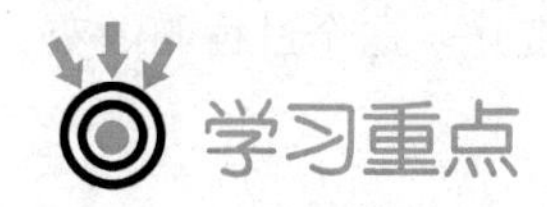

1. 变量的含义
2. 变量的命名规则
3. 变量的赋值

“变量”（Variable）一词来源于数学，它在计算机语言中能储存计算结果或表示值抽象概念。变量可以通过变量名来访问。在指令式语言中，变量通常是可变的；但在纯函数式语言（如Haskell）中，变量可能是不可变（Immutable）的。

在一些语言中，变量可能被定义为是能表示可变状态、具有存储空间的抽象（如在Java和Visual Basic中）；但另外一些语言可能使用其他概念（如C的对象）来表示这种抽象，而不严格地定义变量的准确外延。

在Python中，变量是没有类型的，而对象是有类型的；变量名只是对对象的引用（内部实现方式为指针），变量保留在内存中用来存储值。这意味着，当创建一个变量后，它会在内存中保留一些空间。根据一个变量的数据类型，解释器分配内存，并决定如何被存储在所保留的内存中。

2.3.1 变量的命名规则

（1）变量名由字母、数字、下画线组成。

例如：name、name_123、_123是合法的，而&abc、(9)就不合法。

（2）变量名必须以字母或下画线开头。

例如：name1是合法的，而1name就不合法。

（3）变量名区分字母大小写。

例如：Name和name表示两个不同的变量。

（4）变量名不能使用Python中的保留字。

例如：print、int、tuple、dict等都不能作为变量名。

2.3.2 变量的赋值

在 Python 中，不必显式地给变量声明存储器空间，即不需要特定的定义语句。Python 是一种动态类型语言，当给变量赋一个新的值时，变量的声明将自动发生变化。这个过程叫做变量的赋值操作，赋值的同时确定了变量类型。变量赋值语句格式为：

变量名 = 值或表达式

表达式中的等号（=）表示赋值，等号左侧是变量名，等号右侧是存储的值。在赋值时，值的数据类型决定了变量的类型，变量名在引用了数值的同时也引用了它的类型。

例 2-4：

```
>>> a=100
>>> b=1000.0
>>> c="python"
>>> print (a,b,c)
```

例 2-4 程序的作用是分别将对象值 100、1000.0 和“python”赋值给变量 a、b、c。运行这个程序，将输出以下结果：

```
100 1000.0 python
```

2.3.3 变量的多重赋值

Python 也允许同时指定给一个值几个变量。

例 2-5：

```
>>> a=b=c=1
>>> print (a,b,c)
1 1 1
```

例 2-5 程序的作用是将整数值 1 同时赋值给变量 a、b、c，这 3 个变量将被分配到相同的内存位置。它们输出的值也是相同的。

也可以将多个对象的值分别赋值给多个变量。

例 2-6：

```
>>> a, b, c = 1, 2, "Python"
>>> print (a,b,c)
1 2 Python
```

例 2-6 程序的作用是将整数对象值 1 和 2 赋值给变量 a 和 b，将字符串对象值“Python”赋值给变量 c。

2.3.4 全局变量和局部变量

在函数外，一段代码最开始所赋值的变量，可以被多个函数引用，这就是全局变量；在函数内定义的变量，只能在函数内部引用，不能在函数外引用，这个变量的作用域就是局部的，也称它为局部变量。

如果函数内的变量名与函数外的变量名相同，也不会发生冲突。

例 2-7：

```
>>> x=10
>>> def hanshu():
    x=50
    return x
>>> print (x)
10
>>> print (hanshu())
50
```

例 2-7 程序中，赋值语句 x = 10 创建的变量 x，作用域是全局的；赋值语句 x = 50 所创建的变量 x，它的作用域则是局部的，只能在函数 hanshu() 内使用。尽管这两个变量名是相同的，但它们的作用域是有区分的。作用域在某种程度上也可以起到防止变量名冲突的作用，我们应该尽量避免这种情况的发生。

有关函数的创建，将在后续章节中详细介绍。

打开 Python3.5IDLE 程序，输入下列表达式，写出结果：

```
>>> x=2+5
>>> print (x)
```

结果：______

```
>>> x=2.0+5.0
>>> print (x)
```

结果：______

```
>>> x=8/2.0
>>> print (x)
```

结果：______

```
>>> a,b,c=1,2,3
>>> print (a+b+c)
```

结果：______

课堂练习

一、选择题

1．下列不是正确的 Python 变量名的是（　　）。

A．china　　B．True　　C．“Beijing”　　D．2009

2．下列可以作为 Python 变量名的是（　　）。

A．5x　　B．x–1　　C．if　　D．x_1

二、多项选择题

找出下列变量命名正确的字母序号（　　）。

A．Aa　　B．变量 A　　C．Dim　　D．Sum

E．12Ts　　F．i_64　　G．Str　　H．ab_123

I．_12.94　　J．a*b　　K．adb&b　　L．1a2b

阅读材料

常见的程序命名规则

正确并形象地给变量命名，不仅可以增加程序的可读性，也是程序员良好编程风格的一种反映。较好的命名习惯，提高了程序的可维护性。下面介绍几种常用的变量命名规则。

一、匈牙利命名法

这种命名技术是由一位 Microsoft 程序员查尔斯 · 西蒙尼 (Charles Simonyi) 提出的。匈牙利命名法通过在变量名前面加上相应的小写字母的符号标识作为前缀，标识出变量的作用域、类型等。这些符号可以多个同时使用，顺序是先 m_（成员变量），再指针，再简单数据类型，再其他。例如：m_lpszStr，表示指向一个以 0 字符结尾的字符串的长指针成员变量。

匈牙利命名法关键是：标识符的名字以一个或者多个小写字母开头作为前缀；前缀之后的是首字母大写的一个单词或多个单词组合，该单词要指明变量的用途。

例如：bEnable, nLength, hWnd。

匈牙利命名法中常用的小写字母的前缀：如 a 表示 Array（数组），b 表示 BOOL（布尔），

c 表示 char（字符），f 表示 Flags（标志），g_ 表示 Global（全局的），i 表示 Integer(整数)，l 表示 Long(长整数)等。

二、驼峰命名法

驼峰命名法，正如它的名称所表示的那样，指的是混合使用大小写字母来构成标识符的名字。其中第一个单词首字母小写，余下的单词首字母大写。

例如：

printEmployeePaychecks();

函数名中每一个逻辑断点都有一个大写字母来标记。

三、帕斯卡（Pascal）命名法

驼峰命名法是第一个单词首字母小写，而帕斯卡命名法则是第一个单词首字母大写。因此这种命名法也有人称之为“大驼峰命名法”。

例如：

DisplayInfo();

UserName

都是采用了帕斯卡命名法。

在 C# 中，以帕斯卡命名法和驼峰命名法居多。

事实上，很多程序设计者在实际命名时会将驼峰命名法和帕斯卡命名法结合使用，如变量名采用驼峰命名法，而函数采用帕斯卡命名法。

四、下画线命名法

下画线法是随着 C 语言的出现而流行起来的，它在 UNIX/LIUNX 这样的环境，以及 GNU 代码中使用非常普遍。

变量的命名采用下画线分割小写字母的方式命名。命名应当准确，不引起歧义，且长度适中。例如：

int length;

uint32 test_offset;

单字符的名字也是常用的，如 i、j、k 等，它们通常可用作函数内的局部变量。tmp 常用作临时变量名。

局部静态变量，应加 s_ 词冠（表示 static），如：

static int s_lastw;

全局变量（尤其是供外部访问的全局变量），应加 g_ 词冠（表示 global），如：

void (* g_capture_hook)(void);

据考察，没有一种命名规则可以让所有的程序员赞同，程序设计教科书一般都不指定命名规则。命名规则对软件产品而言并不是“成败攸关”的事，我们不花太多精力试图发明世界上最好的命名规则，而应当制定一种令大多数项目成员满意的命名规则，并在项目中贯彻实施。

2.4 运算符

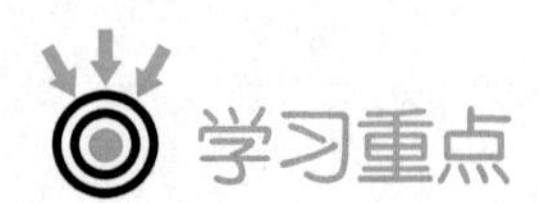

1. 不同的运算符
2. 不同运算符的优先级

2.4.1 操作数

运算，是处理数据的常用方法。对于一个运算表达式 1+2=3 来说，1 和 2 被称为操作数，+ 被称为操作符。

Python 语言支持以下几种类型：算术运算符、关系运算符、逻辑运算符、位运算符、成员操作符和标识运算符等。

2.4.2 运算符

1. 算术运算符（见表 2.1）

表 2.1 常用的算术运算符

运算符	基本运算	描述	举例
+	加法	两个对象相加	1+2=3 'a'+'b'='ab'
–	减法	得到负数或是一个数减去另一个数	20–13=7

续表

运算符	基本运算	描述	举例
*	乘法	两个数相乘或是返回一个被重复若干次的字符串	2*3=6 'ab'*3='ababab'
**	乘幂	返回 x 的 y 次幂	3**4=81
/	实数除法	x 除以 y	4/3=1 4.0/3=1.3333333333333333
//	取整除	返回商的整数部分	6//3.0=2.0
%	取模	返回除法的余数	8%3=2 -25.5%2.25=1.5

例 2-8：

```
>>> 3+7
10
>>> 7-3
4
>>> 2*5
10
>>> 2**2
4
>>> 10/2
5.0
>>> 9//5
1
>>> 9%5
4
```

2. 关系运算符

表 2.2 常用的关系运算符

运算符	基本运算	描述	举例
<	小于	返回 x 是否小于 y	5 < 3 返回 False 3 < 5 返回 True 3 < 5 < 7 返回 True
>	大于	返回 x 是否大于 y	5 > 3 返回 True
<=	小于或等于	返回 x 是否小于或等于 y	x=3; y=6; x<=y 返回 True
>=	大于或等于	返回 x 是否大于或等于 y	x=4; y=3; x>=y 返回 True
==	等于	比较两个对象是否相等	x=2; y=2; x==y 返回 True x='str'; y='stR'; x==y 返回 False x='str'; y='str'; x==y 返回 True
!=	不等于	比较两个对象是否不相等	x=2; y=3; x!=y 返回 True

例 2-9：

```
>>> 5<4
False
>>> 5>4
True
>>> 5<=4
False
>>> 5>=4
True
>>> 5==4
False
>>> 5!=4
True
```

3. 逻辑运算符（见表 2.3）

表 2.3 常用的逻辑运算符

运算符	基本运算	描述	举例
not	非	如果 x 为 True，返回 False；如果 x 为 False，它返回 True。	x=True; not y 返回 False
and	与	如果 x 为 False，x and y 返回 False，否则它返回 y 的计算值。	x=False; y=True; x and y，返回 False
or	或	如果 x 是 True，它返回 True，否则它返回 y 的计算值。	x=True; y=False; x or y 返回 True

例 2-10：

```
>>> x=True
>>> y=not x
>>> y
False
>>> x and y
False
>>> x or y
True
```

4. 位运算符（见表 2.4）

位运算符作用于位和位操作执行位。假设 a=60,b=13,现在以二进制格式将它们表示如下：

```
a = 0011 1100
b = 0000 1101
a&b = 0000 1100
a|b = 0011 1101
a^b = 0011 0001
~a  = 1100 0011
```

表 2.4 常用的位运算符

运算符	基本运算	描述	举例
&	按位与	按照二进制与运算	(a & b) = 12 即 0000 1100
|	按位或	按照二进制或运算	(a | b) = 61 即 0011 1101
^	按位异或	按照二进制异或运算，如果它被设置在一个操作数而不是两个比特中。	(a ^ b) = 49 即 0011 0001
~	取补	二进制取补运算，并有“翻转”位的效果。	(~a) = -61 即 1100 0011 带符号的二进制数补码
<<	位左移	二进位向左移位运算符。左操作数的值左移由右操作数指定的位数。	a << 2 = 240 即 1111 0000
>>	位右移	二进位向右移位运算符。左操作数的值是由右操作数指定的位数向右移动。	a >> 2 = 15 即 00001111

5. 成员运算符（见表 2.5）

成员运算符用于在一个序列中成员资格的测试，如字符串、列表或元组。

表 2.5 常用的成员运算符

运算符	基本运算	描述	举例
in	成员判断	如果成员在指定序列中，则结果为 True，否则 False。	x 在 y 中，在这里产生一个 1，如果 x 是序列 y 的成员。
not in	非成员判断	如果成员不在指定序列中，则结果为 True，否则为 False。	x 不在 y 中，这里产生结果不为 1，如果 x 不是序列 y 的成员。

6. 标识运算符（见表 2.6）

标识运算符用于比较两个对象的内存位置。

表 2.6 常用的标识运算符

运算符	基本运算	描述		举例
is	同一性判断	如果操作符两侧的变量指向相同的对象，计算结果为 True，否则为 False。		x 是 y,这里结果是 1,如果 id (x) 的值为 id (y)。
is not	非同一性判断	如果两侧的变量操作符指向相同的对象，计算结果为 False，否则为 True。		x 不为 y，这里结果不是 1，当 id (x) 不等于 id (y)。

2.4.3 运算符优先级

对于 1+2*3 这样的表达式，是先做加法呢，还是先做乘法？我们的小学数学告诉我们应当先做乘法——这意味着乘法运算符的优先级高于加法运算符。

表 2.7 给出了 Python 的运算符优先级，即从最高的优先级到最低的优先级。这意味着在一个表达式中，Python 会首先计算表中较上面的运算符，然后再计算列表下部的运算符。

表 2.7 运算符优先级

运算符	描述
**	幂（提高到指数）
~ + -	补码，一元加号和减号（方法名的最后两个 +@ 和 - @）
* / % //	乘，除，取模和取整除
+ -	加法和减法
>> <<	左、右按位转移
&	按位与
^ |	按位异或、按位或
<= < > >=	比较运算符
<> == !=	等式运算符
= %= /= //= -= += *= **=	赋值运算符
is is not	标识运算符
in not in	成员运算符
not or and	逻辑运算符

运算符优先级表决定了哪个运算符在其他的运算符之前计算。然而，如果你想要改变它们的计算顺序，就得使用圆括号。合理使用括号能增强代码的可读性，在很多场合使用括号都是一个好习惯，而没用括号的话，有可能使程序得到错误的结果，或使代码的可读性降低，引起阅读者的困惑。

课堂练习

1. 下列运算判断为 True 的是（　）。

A. 6+4 > 5　　B. 3/2 > 5　　C. 8+1 > 4*4　　D. 3 > 2 and 4 > 5

2. x =True，y = False，下列值返回 False 的是（　）。

A. not y　　B. x is not y　　C. x or y　　D. x and y

2.5 函数

1. 函数的定义

2. 函数的调用

3. 内建函数，自定义函数

给定一个数集 A，对 A 施加对应法则 f，记作 $f(A)$，得到另一数集 B，也就是 $B=f(A)$，那么这个关系式就叫函数关系式，简称函数。函数在数学上的定义，说明了两个集合之间的对应关系。在编程中，函数中的这些语句用于完成某些有意义的工作——通常是处理文本、控制输入或计算数值。通过在程序代码中引入函数名称和所需的参数，可在该程序中执行（或称调用）该函数。

“函数”是从英文中的 function 翻译过来的，其实，function 在英文中的意思既是“函数”，也是“功能”。从本质意义上来说，函数是用来完成一定功能的。在设计一个较大的程序时，往往把它分为若干个程序模块，每一个模块包括一个或者多个函数，每个函数实现一定的功能，这样不但可以优化程序结构，还可以减少代码的重复输入。

在 Python 中，“函数”有内建函数和自定义函数，内建函数是在安装完 Python 后就可以使用的，而自定义函数需要自己定义，其名称应反映其代表的功能。

2.5.1 函数的调用

在前面的章节中我们已经多次调用系统内建函数 print() 来输出结果，我们将需要打印的变量名称放在 print() 的括号内，此时这个变量有了另一个名字：参数。在函数调用过程中，括号里的我们称之为“参数”，只有输入这个“参数”，函数通过处理，才能输出结果。因此函数调用的一般格式为：

函数名（参数 1，[参数 2]，…，[参数 n]）

例 2-11：

```
>>> a = 100
>>> print (a)
```

例 2-11 程序中，变量 a 就是 print() 这个内建函数的参数，函数的功能就是输出 a 的值。

例 2-12：

```
>>> a = 100
>>> b = 200
>>> c = 300
>>> print (a,b,c)
```

例 2-12 程序中，print() 函数参数不止一个，用“,”分隔，同时输出变量 a,b,c 的值。

print() 函数是无返回值的，下面我们来看一个有返回值的函数：len()。它的作用是返回字符串的长度。

例 2-13：

```
>>> a = "hello,world"
>>> b = len(a)
>>> print(b)
```

例 2-13 程序中，变量 a 存储了“hello,world”这么一个字符串，len(a) 的调用会返回这个字符串的长度，程序执行后会在屏幕输出：11。

通过上面的例子，其实不难发现，Python 中所谓的函数就是把你要处理的对象放到一个名字后面的括号里就可以了。

2.5.2 内建函数

以最新的 3.6 版本为例，一共存在 68 个这样的函数，如表 2.8 所示，它们被统称为内建函数（Built-in Functions），内建的意思是这些函数在安装完 Python 后你就可以使用它们，是“自带”的。

表 2.8 3.6 版本的 68 个内建函数

Built-in Functions（内建函数）				
abs()	dict()	help()	min()	setattr()
all()	dir()	hex()	next()	slice()
any()	divmod()	id()	object()	sorted()
ascii()	enumerate()	input()	oct()	staticmethod()
bin()	eval()	int()	open()	str()
bool()	exec()	isinstance()	ord()	sum()
bytearray()	filter()	issubclass()	pow()	super()
bytes()	float()	iter()	pirnt()	tuple()

续表

Built-in Functions（内建函数）				
callable()	format()	len()	property()	type()
chr()	frozenset()	list()	range()	vars()
classmethod()	getattr()	locals()	repr()	zip()
compile	globals()	map()	reversed()	_import_()
complex()	hasattr()	max()	round()	
delattr()	hash()	memoryview()	set()	

注：现在你不必着急搞明白这些函数是怎么用的，其中一些内建函数很常用，但是另外一些就不常用，比如涉及字符编码的函数 ascii()、bin()、chr() 等，这些都是在相对底层的编程中才会使用到的，在你深入到一定程度的时候才会派得上用场。

2.5.3 自定义函数

我们既需要学会使用已有的函数，更需要学会创建新的函数。自带的函数数量毕竟是有限的，想要让 Python 帮助我们做更多的事情，就要自己设计符合使用需求的函数。创建函数也很简单，基本格式如下：

```
def  函数名(参数1,参数2):
 缩进return 结果
```

需要注意的是：

（1）def 和 return 是关键字（keyword），Python 就是靠识别这些特定的关键字来明白用户意图的，实现更为复杂的编程。

（2）闭合括号后面的冒号必不可少，而且非常值得注意的是你要在英文输入法状态下进行输入，否则会出现语法错误。

（3）如果在 IDE 中冒号后面按回车（换行）键，系统会自动得到一个缩进。函数缩进后面的语句被成为语句块（block），缩进是为了表明语句和逻辑的从属关系，是 Python 最显著的特征之一。

下面我们来看一个经典的例子：温度转换。编写程序，要求用户输入摄氏温度，输出华氏温度。

例 2-14：

```
>>> def fahrnheit_to_celsius(c):
    fahrnheit = c * 9/5 + 32
    return str(fahrnheit) + 'F'
```

例 2-14 程序定义了一个函数，作用是温度转换，输入摄氏温度数，输出华氏温度数，如何调用呢？看下面代码：

```
print(fahrnheit_to_celsius(45))
```

这个语句就是用 45 代替了我们定义时的“c”，语句执行会输出：113.0F。我们通过这个语句就完成了函数的调用，同时打印了结果。

设计一个时间单位转换器，输入分钟数，输出以小时为单位的数值。

一、选择题

1．定义函数的关键字是（　　）。

A．len　　B．def　　C．print　　D．max

2．下列函数不属于内建函数的是（　　）。

A．len()　　B．set()　　C．print()　　D．return()

二、程序练习题

编写程序实现输入华氏温度数，输出摄氏温度数。

函数式编程的优点

单元测试

因为函数式编程的每一个符号都是 final 的，没有对函数产生过副作用。因为从未在某个地方修改过值，也没有函数修改过在其作用域之外的变量并被其他函数使用（如类成员或全局变量）。这意味着函数求值的结果只是其返回值，而唯一影响其返回值的就是函数的参数。

这是单元测试者的梦中仙境 (wet dream)。对被测试程序中的每个函数，你只需关心其参数，而不必考虑函数的调用顺序，不用谨慎地设置外部状态。所有要做的就是传递代表了边际情况的参数。如果程序中的每个函数都通过了单元测试，你就对这个软件的质量有了相当的自信。而命令式编程就不能这样乐观了，在 Java 或 C++ 中只检查函数的返回值还不够——我们还必须验证这个函数是否修改了外部状态。

调试

如果一个函数式程序不能如你期望地运行，调试也轻而易举。因为函数式程序的 bug 不依赖于执行前与其无关的代码路径，你遇到的问题就总是可以再现的。在命令式程序中，bug 时隐时现，因为在那里函数的功能依赖于其他函数的副作用，你可能会在与 bug 产生无关的方向探寻很久，但是毫无收获。函数式程序就不是这样——如果一个函数的结果是错误的，那么无论之前你执行过什么，这个函数总是返回相同的错误结果。

一旦你将那个问题再现出来，寻其根源将毫不费力，甚至会让你开心。中断那个程序的执行然后检查堆栈，和命令式编程一样，栈里每一次函数调用的参数都会呈现在你眼前。但是在命令式程序中只有这些参数还不够，函数还依赖于成员变量、全局变量和类的状态（这反过来也依赖着这许多情况）。函数式程序里函数只依赖于它的参数，而那些信息就在你注视的目光下！还有，在命令式程序里，只检查一个函数的返回值不能够让你确定这个函数已经正常工作了，你还要去查那个函数作用域外数十个对象的状态来确认。对函数式程序，你要做的所有事情只有一件：就是查看其返回值！

沿着堆栈检查函数的参数和返回值，只要发现一个不合理的结果就进入那个函数然后一步步跟踪下去，重复这一个过程，直到它让你发现了 bug 的生成点。

并行

函数式程序无须任何修改即可并行执行。不用担心死锁和临界区，因为你从未用锁！函数式程序里没有任何数据被同一线程修改两次，更不用说两个不同的线程了。这意味着可以不假思索地简单增加线程而不会引发并行应用程序的传统问题。

事实既然如此，为什么并不是所有人都在需要高度并行作业的应用中采用函数式程序？嗯，他们正在这样做。爱立信公司设计了一种叫作 Erlang 的函数式编程语言并将它使用在需要极高容错性和可扩展性的电信交换机上。还有很多人也发现了 Erlang 的优势并开始使用它。我们谈论的是电信通信控制系统，这与设计华尔街的典型系统相比对可靠性和可升级性要求高了得多。实际上，Erlang 系统并不可靠和易扩展，Java 才是。Erlang 系统只是坚如磐石。

关于并行的故事还没有就此停止，即使你的程序本身就是单线程的，那么函数式程序的编译器仍然可以优化它使其运行于多个 CPU 上。请看下面这段代码：

```
String s1 = somewhatLongOperation1();

String s2 = somewhatLongOperation2();

String s3 = concatenate(s1, s2);
```

在函数编程语言中，编译器会分析代码，辨认出潜在耗时的创建字符串 s1 和 s2 的函数，然后并行地运行它们。这在命令式语言中是不可能的，因为在那里，每个函数都有可能修改函数作用域以外的状态并且其后续的函数又会依赖这些修改。在函数式语言里，自动分析函数并找出适合并行执行的候选函数简单得像自动进行的函数内联化！在这个意义上，函数式风格的程序是“不会过时的技术”（future proof）(即使不喜欢用行业术语，但这回要破例一次)。硬件厂商已经无法让 CPU 运行得更快了，于是他们增加了处理器核心的速度并因并行而获得了 4 倍的速度提升。当然，他们也顺便忘记提及我们多花的钱只是用在了解决平行问题的软件上了。一小部分的命令式软件和 100% 的函数式软件都可以直接并行运行于这些机器上。

代码热部署

过去要在 Windows 上进行安装更新，重启计算机是难免的，而且还不止一次，即使是安装了一个新版的媒体播放器。Windows XP 大大改进了这一状态，但仍不理想（我工作时运行了 Windows Update，现在一个烦人的图标总是显示在托盘里，除非我重启一次机器）。Unix 系统一直以来以更好的模式运行，安装更新时只需停止系统相关的组件，而不是整个操作系统。即使如此，对一个大规模的服务器应用来说这还是不能令人满意的。电信系统必须 100% 的时间在线运行，因为如果在系统更新时紧急拨号失效，就可能造成致命的损失。华尔街的公司也没有理由必须在周末停止服务以安装更新。

理想的情况是，完全不停止系统任何组件来更新相关的代码。在命令式的世界里这是不可能的。考虑运行时上载一个 Java 类并重载一个新的定义，那么所有这个类的实例都将不可用，因为它们被保存的状态丢失了。我们可以着手写些繁琐的版本控制代码来解决这个问题，然后将这个类的所有实例序列化，再销毁这些实例，继而用这个类新的定义来重新创建这些实例，然后载入先前被序列化的数据并希望载入代码可以恰当地将这些数据移植到新的实例上。在此之上，每次更新都要重新手动编写这些用来移植的代码，而且要相当谨慎地防止破坏对象间的相互关系。理论简单，但实践可不容易。

对函数式的程序，所有的状态即传递给函数的参数都被保存在了堆栈上，这使得热部署轻而易举！实际上，我们需要做的所有事情就是对工作中的代码和新版本的代码做一个差异比较，然后部署新代码。其他的工作将由一个语言工具自动完成！如果你认为这是个科幻故事，请再思考一下。多年来 Erlang 工程师一直更新着他们运转着的系统，而无须中断它。

机器辅助的推理和优化

函数式语言的一个有趣的属性就是它们可以用数学方式推理。因为一种函数式语言只是一个形式系统的实现，所有在纸上完成的运算都可以应用于用这种语言书写的程序。编译器可以用数学理论将一段代码转换为等价的但却更高效的代码。多年来关系数据库一直在进行着这类优化。没有理由不能把这一技术应用到常规软件上。

另外，还能使用这些技术来证明部分程序的正确性，甚至可能创建工具来分析代码并为单元测试自动生成边界用例！对稳固的系统这种功能没有价值，但如果你要设计心房脉冲产生器(pace maker)或空中交通控制系统，这种工具就不可或缺。如果你编写的应用程序不是产业的核心任务，这类工具也是你强于竞争对手的杀手锏。

2.6 列表、元组、字典

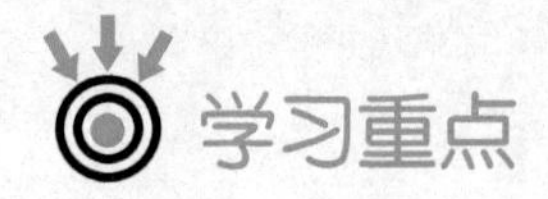

1. 列表、元组、字典的概念
2. 列表、字典的创建、访问与修改
3. 元组的创建及如何利用元组快速交换变量

2.6.1 列表

1. 列表的概念

列表是一个可变的有序序列。序列是存放数据元素的集合，所以列表实际上就是按顺序存放数据元素的集合，而且这个数据集合是可以改变的，其中的数据元素可以添加、删除、修改。

2. 列表的创建

要创建一个列表，我们首先要把数据元素用逗号分隔，然后用中括号括起来。如下所示：

```
>>> ['李雷', '韩梅梅', '金丽丽', '玛丽', '魏华', '汤姆']
```

当然，你也可以把创建出来的对象赋值给变量：

```
>>> students = ['李雷', '韩梅梅', '金丽丽', '玛丽', '魏华', '汤姆']
```

我们再创建两个列表变量：

```
>>> prime = [2, 3, 5, 7]
>>> floats = [0.3, 0.7, 0.8, 0.2]
```

以上 3 个列表变量 students、prime、floats 分别存放的是字符串、整型、浮点型的单一数据类型的数据集合，我们也可以创建数据元素的类型不同的集合：

```
>>> ['李雷', 100, '韩梅梅', 100, '金丽丽', 98, '玛丽', 96, '魏华',
91, '汤姆']
```

以上就是列表创建的方式，列表可以包含相同类型的数据，也可以包含不同类型的数据。

Python 的列表是有序的，所以列表中的数据元素也是按顺序排列的，每个数据元素都有一个索引，索引是从 0 开始的，在 students 这个列表中，'李雷' 的索引是 0，'韩梅梅' 的索引是 1，'金丽丽' 的索引是 2，以此类推。我们可以通过索引来访问列表中的数据元素，访问的方式是在列表变量后面跟上中括号，里面写上索引值，如下所示：

```
>>> print(students[0])
李雷
>>> print(students [3])
玛丽
```

如果要判断某个元素是否在列表中，我们可以使用如下的方式：

```
>>> '李雷' in students
True
```

3. 改变列表

修改数据元素的方式：

```
>>> students[0] = '健健'
>>> students
['健健', '韩梅梅', '金丽丽', '玛丽', '魏华', '汤姆']
```

上面的代码,我们修改了索引值为 0 的数据元素 '李雷',将这个数据元素修改为字符串 '健健'。

添加数据元素的方式：

```
>>> students.append('农农')
>>> students
['健健', '韩梅梅', '金丽丽', '玛丽', '魏华', '汤姆', '农农']
```

我们使用的是列表上的 append 方法，注意添加的元素在列表的尾部。如果要在指定位置插入数据元素，使用列表上的 insert 方法：

```
>>> students.insert(3,'俊杰')
['健健', '韩梅梅', '金丽丽', '俊杰', '玛丽', '魏华', '汤姆', '农农']
```

我们在索引值为 3 的位置插入了字符串 '俊杰'，后面的数据元素的索引值都递增了 1。

删除数据元素的方式：

```
>>> students.remove('金丽丽')
>>> students
['健健', '韩梅梅', '俊杰', '玛丽', '魏华', '汤姆', '农农']
```

我们使用列表上的remove方法，把要删除的数据元素作为remove方法的参数。如果有多个相同的数据元素，那么remove只会删除第1个元素。如果要删除指定位置的数据元素，我们可以使用pop方法，将数据元素的索引作为pop方法的参数：

```
>>> students.pop(1)
>>> students
['健健', '俊杰', '玛丽', '魏华', '汤姆', '农农']
```

我们把原来索引位置1的数据元素‘韩梅梅’删除了。

还有一个方法要慎用：

```
>>> students.clear()
[]
```

列表上的clear方法会清除列表中的所有元素，将列表变成一个不包含任何数据元素的列表，相当于删除了列表中的全部数据元素。

2.6.2 元组

元组和列表类似也是一个有序序列，但是元组是不可变的。

1. 元组的创建

要创建一个元组，我们首先把数据元素用逗号分隔，然后用小括号括起来。如下所示：

```
>>> tuple1 = ('农农', )
>>> tuple2 = ('俊杰', 150, 150)
```

上面创建元组的方式要注意第1行的代码，如果我们创建的是只有一个数据元素的元组，那么这个数据元素后面必须要跟一个逗号，这样可以和运算优先级的小括号区分开来。上面的代码也可以简写为如下的形式：

```
>>> tuple1 = '农农',
>>> tuple2 = '俊杰', 150, 150
```

以上方式是隐式创建元组的一种方式。元组的不可变性体现在不可对元组中的元素进行编辑，如替换、删除等。

```
>>> del tuple2[1]
Traceback (most recent call last):
  File "<pyshell#26>", line 1, in <module>
    del tuple2[1]
TypeError: 'tuple' object doesn't support item deletion
```

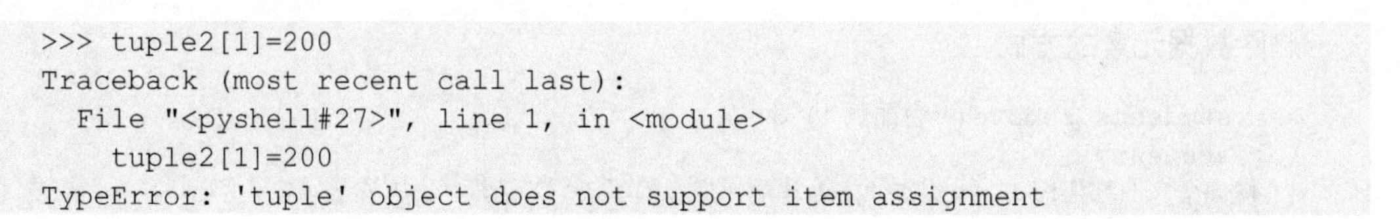

```
>>> tuple2[1]=200
Traceback (most recent call last):
  File "<pyshell#27>", line 1, in <module>
    tuple2[1]=200
TypeError: 'tuple' object does not support item assignment
```

以上程序分别对tuple2中的第2个元素进行删除操作和替换操作，返回的都是不可操作。

2. 元组元素的访问

```
>>> print(tuple2[0])
俊杰
>>> print(tuple2[2])
150
```

以上代码和列表的访问代码是相似的，实际上凡是Python的序列都可以通过这种方式进行访问。

3. 元组的分解

元组支持分解的操作，我们看下面的代码：

```
>>> t = 1, 2, 3
>>> a, b, c = t
>>> a
1
>>> b
2
>>> c
3
```

第1行代码创建了1个元组，第2行代码就是元组的分解，它将元组的第1个元素、第2个元素、第3个元素分别赋值给了变量a、b、c。借助元组的分解这个特性，我们可以用来写出简洁的代码：

```
>>> a, b = 1, 2
>>> a, b
(1, 2)
>>> b, a = a, b
>>> a
2
>>> b
1
```

在上面的代码中，我们首先使a, b = 1, 2 ，通过元组赋值及其分解分别给a, b两个变量赋值了1, 2。而a,b这种形式相当于隐式的元组(1, 2),通过 b, a = a, b 实际上是运行了代码b, a = 1,2 ，这部分代码运行以后将元组(1, 2)分解以后赋值给了b、a，这样变量a和b的值就互换了。

2.6.3 字典

1. 字典的概念

字典是可变的“键/值对”的集合。所谓的“键/值对”相当于一个2元元组，2元元组的第1个元素是数据元素的标识，我们称之为“键”，第2个元素是数据元素的具体值，我们称之为“值”。需要注意的是，字典中的“键/值对”的“键”不能重复。

2. 字典的创建

要创建一个字典，我们首先把“键/值对”用逗号分隔，然后用大括号括起来，“键/值对”的“键”和“值”我们用冒号分隔。如下所示：

```
>>> numbers = {'first': 1, 'second': 2, 'third': 3}
```

在这里要注意一点，字典当中不能有两个相同“键”的“键/值对”。

要访问字典里面的数据，我们可以使用如下的方式：

```
>>> print(numbers['first'])
1
```

采用上面的方式，我们用中括号中包含“键”的方式就可以访问相应的“键”对应的值了。

```
>>> 'first' in numbers
True
```

上面的方法可以判断某个“键”的“键/值对”是否包含在字典中。

3. 改变字典

通过下面的方式，我们可以修改对应的“键/值对”的值：

```
>>> numbers['first'] = 'one'
```

在这里字典中已经存在了“键”为“first”的“键/值对”，所以我们可以用赋值来修改“键/值对”的“值”。如果不存在呢？

```
>>> numbers['fourth'] = 4
>>> numbers
{'first': 'one', 'second': 2, 'third': 3, 'fourth': 4}
```

这样的话，我们就新增了一个“键/值对”，其“键”为‘fourth’，值为4。

最后我们如果要删除其中的某个“键/值对”，我们采用如下的方法：

```
>>> del numbers['fourth']
>>> numbers
{'first': 'one', 'second': 2, 'third': 3}
```

下面的clear方法要慎用，因为如果使用了，就会变成空字典。

```
>>> numbers.clear()
>>> numbers
{}
```

我们在字典的中括号中指定“键”，这样我们就删除了对应的键值对。

4．字典上的特殊方法

在字典上有一系列方便使用的特殊方法，能够在编程中起到简化编程的作用，下面我们就来看一看这些方法：

```
>>> numbers.keys()
dict_keys(['first', 'second', 'third'])
```

通过keys方法我们能够访问字典中所有“键/值对”的“键”的集合。对应地，我们也能访问所有“键/值对”的“值”：

```
>>> numbers.values()
dict_keys(['one', 2, 3])
```

如上代码，访问所有“键/值对”的“值”的集合我们使用的是values方法。以上两种方法在实际编程中非常有用，我们在随后的学习中也许会碰到。

课后练习

1．创建一个列表，列表中包含你的5位同班同学的名字。

2．L = [‘tom’, ‘jerry’, ‘jj’],如果我们想访问第3个元素是否可以使用L[3]？为什么？

3．从L = [‘tom’ , ‘jerry’ , ‘jj’] 中删除元素 ‘jerry’ 的代码如何写？

4．向L = [‘tom’ , ‘jerry’ , ‘jj’] 尾部添加元素 ‘junjie’ 的代码如何写？

5．向L = [‘tom’ , ‘jerry’ , ‘jj’] 第2个位置添加元素 ‘nongnong’ 的代码如何写？

6．有一个元组t = (1, 2, 3),t[1] = ‘one’的代码能否将元组的第1个元素替换为‘one’？为什么？

7．现在有3个变量a、b、c，其值分别为1、2、3，现在我们希望交换变量的值，b的值给a，c的值给b，a的值给c，请问这个代码如何写？

8．现有一个字典d = { ‘tom’ : 100, ‘jerry’ : 100}，如果还要向其中添加一个“键/值对”，“键”是‘jianjian’，“值”是150，请问代码如何编写？

2.7 流程控制

1. 布尔类型，比较运算符，布尔运算符
2. 条件判断语句及应用
3. 循环语句及应用

在之前章节的例子里，我们已经体会到了程序流程控制里最基本的“顺序结构”，在这一章我们要了解另外两个结构：“选择结构”和“循环结构”。

要实现复杂功能的程序，逻辑判断是必不可少的，在学习选择结构和循环结构之前我们首先要了解逻辑判断的最基本准则——布尔类型（Boolean Type）。

2.7.1 布尔类型

布尔类型的数据只有两种，True 和 False（需要注意的是首字母大写）。人类以真伪来判断事实，而在计算机世界中真伪对应着的则是 1 和 0。布尔值是怎么产生的？我们先来看下面几行代码（请在命令行 / 终端输入下面代码）：

例 2-15：

```
>>> 3 > 9
>>> 3 < 6 < 9
>>> 42 != '42'
>>> 'Name' == 'name'
>>> number = 3
>>> number is 12
>>> 'H' in 'Hello'
```

在输入每一行代码的时候，我们会看到 Python 反馈给我们的是 True 或 False，像这样由特定运算符连接起来的，并且能够产生一个布尔值的表达式，我们称之为布尔表达式（Boolean Expressions）。

1. 比较运算符

在 Python 中有 6 种比较运算符，如表 2.9 所示。

表 2.9 比较运算符

==	左右两边等值的时候返回 True，否则返回 False。
!=	左右两边不相等时返回 True，否则返回 False。
>	左边大于右边的时候返回 True，否则返回 False。
<	左边小于右边的时候返回 True，否则返回 False。
<=	左边小于或者等于右边的时候返回 True，否则返回 False。
>=	左边大于或者等于右边的时候返回 True，否则返回 False。

比较运算符不仅可用于单纯的数字比较，还可以用于变量之间的比较、字符串的比较以及函数调用结果的比较。各种情况无法一一列举，在不确定的情况下可以先在终端输入代码进行测试（可将下面代码输入进行体会）。

例 2-16：

```
>>> tnumber = 5
>>> 1 < tnumber <10
>>> a = 2
>>> b = 3
>>> a < b
>>> 'Hello' == 'hello'
>>> len('hello') > abs(-8)
```

2. 成员运算符与身份运算符

成员运算符的关键词是 in；身份运算符的关键词是 is。

in（not in）关键词连接的两个对象，前者存在于（不存在于）后者的集合中，若存在，则返回 True，否则返回 False。例如：

例 2-17：

```
>>> 'H' in 'Hello'
```

终端会显示：True。

is（is not），它们是表示身份鉴别的布尔运算符。只有当两个对象的身份、类型、值三者一致时，才会返回 True，否则返回 False。

例 2-18：

```
>>>a = 2
>>>b= 2
>>>a is b
```

例 2-18 中，两个变量除了名称不同，其他都是一致的，经过 is 对比后会返回 True。

3. 布尔运算符

在 Python 中，有三种布尔运算符：not，and，or（见表 2.10）。

表 2.10 布尔运算符

not x	如果 x 是 True，则返回 False，否则返回 True。
x and y	只有 x 和 y 都是 True 的时候，返回 True，否则返回 False。
x or y	只要 x 和 y 中至少有一个是 True，返回 True；x 和 y 都是 False，则返回 False。

布尔运算符常用于复合条件的判断，某些场合下需要两个条件同时满足（用 and），或者两者之间满足一个（用 or）。

2.7.2 选择结构

Python 中选择结构类似于大部分程序语言，也是用 if...else 语句，它有 3 种形式：

（1）只使用 if 语句，它的基本结构是：

if 条件：

缩进语句

简单的 if 语句只有一个选择，当条件返回值为 True 成立的时候，执行冒号后面的语句，否则这条语句就不会被执行。if 语句流程图如图 2-11 所示。

例如：

```
>>>a = 2
>>>if a > 0:
       print('ok')
```

上面的代码会输出“ok”字样。试试把 0 改成 3，会怎么样呢?

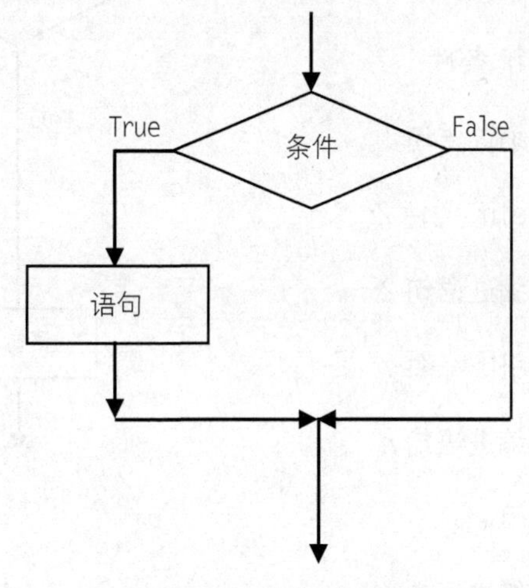

图 2-11 if 语句的流程图

（2）if...else 语句，它的基本结构是：

if 条件：

缩进语句 1

else:

缩进语句 2

这个组合的意思是：如果条件是成立的，就执行语句 1 ；反之，就执行语句 2。其流程图如图 2-12 所示。

注意：基本结构里的语句 1、语句 2 大部分时间并不是只有一条可以看成是代码块。

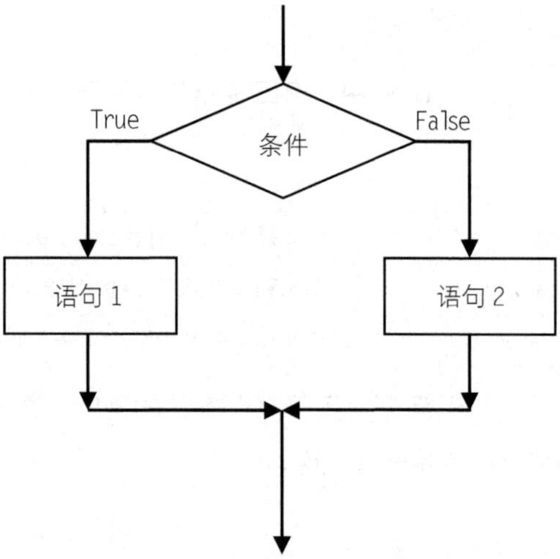

图 2-12 if...else 语句的流程图

例 2-19：

```
>>>age = 3
>>>if  age >= 18:
        print('your age is', age)
        print('adult')
else:
        print('your age is', age)
        print('teenager')
```

例 2-19 执行的就是 else 后面的语句，因为变量 age 的值为 3，而 3>=18 这个比较表达式返回的结果会是 False。

（3）if...elif...else 语句，流程图如图 2-13 所示，它的基本结构是：

if 条件 1 ：

缩进语句 1

elif 条件 2:

缩进语句 2

elif 条件 *n* ：

缩进语句 *n*

else:

缩进语句

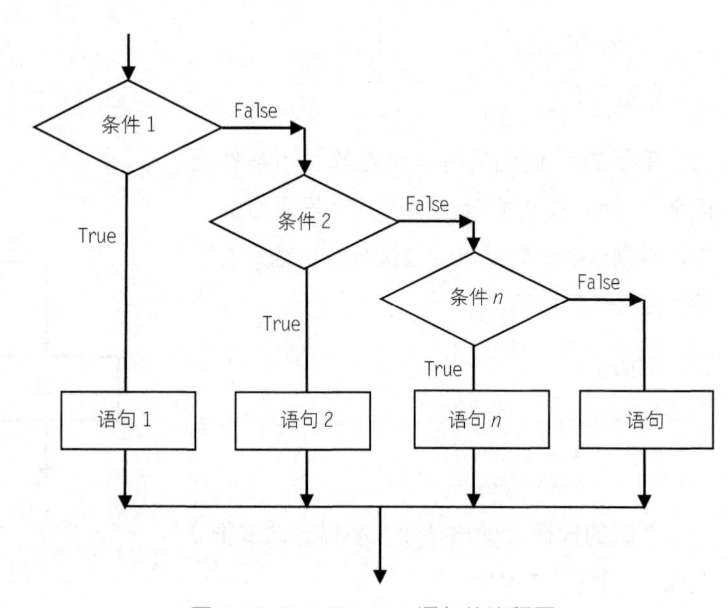

图 2-13 if...elif...else 语句的流程图

多条件判断其实只需在 if 和 else 之间增加 elif，用法和 if 是一致的，而且条件判断是依次进行的，首先看条件 1 是否成立，如果成立那么就运行下面的代码，如果不成立就接着顺次看下面的条件是否成立……最后如果都不成立则运行 else 对应的语句。

例 2-20：

```
>>>age = 20
```

```
>>>if  age >= 6:
      print('teenager')
elif  age >= 18:
    print('adult')
else:
    print('kid')
```

例 2-20 能输出正确答案吗? 请尝试修改。

2.7.3 循环结构

循环结构是程序设计中最能发挥计算机特长的程序结构，我们会十分频繁地使用它！它可以减少重复书写的工作量，通常用于描述重复执行某段算法的问题。

在 Python 中有两种循环结构：一种是 for...in...，第二种是 while 循环。

(1) for...in... 循环

其基本结构为：for 元素 in 集合:

缩进循环体

我们先来看下面的例子。

例 2-21：

```
>>>for looper in [1,2,3,4,5]:
      print('hello')
```

例 2-21 程序会输出 5 个 'hello'。这两行代码翻译为：① 变量 looper 从 1 开始取值。② looper 每次从列表里获取 1 个值的时候，循环体 [本例中就是 print('hello') 语句] 部分就执行一次。③ 循环体执行完毕后，变量 looper 就取下一个值，直到列表里的值全部取完。

例 2-22：

```
>>>for looper in [1,2,3,4,5]:
      print(looper,'hello')
```

例 2-22 可以更清楚看到 looper 变量的变化过程，在终端输入看看结果。

大家一定发现一个问题，上面两个例子都是进行 5 次循环，那假如需要 100、1000 次循环怎么办? in 后面的列表要从 1 写到 100、1000 吗?

Python 给我们提供了 range() 函数，上面例子可以改写成：

```
>>>for looper in range(1,6):
      print(looper,'hello')
```

请注意，range() 函数第二个参数是 6 而不是 5，因为，range() 函数只有一个参数的时候，比如 range(5)，这个时候形成的序列是从 0 开始到小于 5 的序列，即 [0,1,2,3,4]。

(2) while 循环

其基本结构为：while 条件：

循环体

特别注意的是，while 循环在条件满足的时候会一直执行下去，所以在循环体里一定要有使循环趋于结束的语句，否则会造成死循环。

例 2-23：计算 100 以内，所有奇数之和。

```
>>>sum = 0
>>>n = 99
>>>while n>0:
        sum = sum + n
        n = n - 2
    print(sum)
```

例 2-23 中只要是 n > 0 的情况，sum = sum + n，n = n - 2 这个语句就一直执行，其中 n = n - 2 随着执行次数增加，n 不断逼近 while 后面的条件，所以说这条语句就是使整个循环趋于结束的语句。

尝试分别用 for...in... 循环和 while 循环编写程序，计算 1 加到 100。

一、选择题

1. 下列表达式值为 True 的是（　　）。

A. 2 > 3　　B. 5 = 5　　C. not False　　D. True and False

2. 下列不属于选择结构关键字的是（　　）。

A. if　　B. if...else　　C. if...elif...else　　D. while

二、程序练习题

利用循环依次对 list 中的每个名字打印出"hello,***！"（L = ['Betty',' Lucy','Tom']）。

阅读材料

Python 中的 break 语句、continue 语句及 pass 语句

一般说来，break和continue语句的作用是改变控制流程。当break语句在循环结构中执行时，它会导致立即跳出循环结构，转而执行该结构后面的语句。比如，我们依次输出字符串“hello”中的各个字符，遇到第1个字符“l”时结束，我们以终端交互方式演示：

```
>>># 用break语句跳出循环结构
    for char in "hello":
       if char == "l":
          break
       print char
h
e
```

与break语句不同，当continue语句在循环结构中执行时，并不会退出循环结构，而是立即结束本次循环，重新进入下一轮循环，也就是说，跳过循环体中在continue语句之后的所有语句，继续下一轮循环。对于while语句，执行continue语句后会立即检测循环条件；对于for语句，执行continue语句后并没有立即检测循环条件，而是先将“可遍历的表达式”中的下一个元素赋给控制变量，然后再检测循环条件。比如，我们这次还是依次输出字符串“hello”中的各个字符，但忽略字符串中的字符“l”，我们以交互方式演示：

```
>>>#continue语句将结束本轮循环，进入下一轮循环
    for char in "hello":
        if char == "l":
                continue
        print char
h
e
o
```

循环体可以包含一个语句，也可以包含多个语句，但是却不可以没有任何语句。那么，如果我们只是想让程序循环一定次数，但是循环过程什么也不做的话，那该怎么办呢？当然是有办法的，因为Python为我们提供了一个pass语句，该语句什么也不做，也就是说它是一个空操作，所以，下列代码是合法的：

```
>>>for x in range(10):
        pass
```

实际上，该语句的确会循环10次，但是除了循环本身之外，它什么也没做。

第3章 常用算法思想及其程序实现

- 算法的概念、特征及表示方法
- 枚举算法的基本思想、实例分析及其应用
- 排序算法的含义，Python 内置函数，三种基本排序算法
- 顺序查找的原理、算法及程序实现，对分查找的原理、算法及程序实现
- 递推算法的概念、基本思想、实例分析及其应用
- 递归算法的含义，递归程序执行过程，利用递归算法解决典型问题

3.1 算法的概念和表示

1. 算法的概念
2. 算法的特征
3. 算法的表示方法

3.1.1 算法的概念

使用计算机解决问题，一般都要经历三个阶段：分析问题、寻找解题途径和方法、用计算机处理。同样，在程序设计时，也有两个重要的环节：设计算法、编写和运行程序来实现算法。“算法”这一术语经常用来表示解决问题的方法和步骤。通常一个问题能够解决，是指解决问题的算法已经找到；一个问题没有解决，是指解决问题的算法还未找到或还未能设计出来，或问题本身不存在可行的算法。算法设计完成后，就应选择合适的计算机语言来编写相应的程序，并在计算机上调试、运行以求得结果。当然，处理的结果还需要经过实践检验，不断修正，以期求得问题的有效解决。

所谓“算法”（Algorithm），就是解题方法的精确描述。算法描述的是一种有穷的动作序列，即算法是由有限个步骤组成的。在算法中，每一步动作的表示形式并没有规定的格式，可以是抽象的，也可以是具体的，但是这些动作的含义应当是明确的，同时还应该是可行的。

3.1.2 算法的特征

算法是一个有穷规则的集合，这些规则确定了解决某类问题的一个运算序列。对于该类问题的任何初始输入值，它都能机械地一步一步地执行计算，经过有限步骤后终止计算并产生输出结果。一个算法应该具有以下 5 个重要的特征：

（1）有穷性（Finiteness）：算法的有穷性是指算法必须能在执行有限个步骤之后终止。也就是说操作步骤不能是无限的。例如，求所有的偶数，因为偶数是无穷的，因此它不满足算法有穷性的特点。

（2）确切性（Definiteness）：算法的确切性是指算法的每一步骤必须有确切的定义，而不是模棱两可的。例如，步骤“输出 a+ 整数”是无法执行的，因为没有指定 a 加上哪一个整数，所以，这个步骤是不确切的。

（3）有 0 个或多个输入（Input）：一个算法有 0 个或多个输入。所谓 0 个输入是指算法本身给出了初始条件，因此不需要输入数据，如计算 100 以内的偶数之和。

（4）有 1 个或多个输出（Output）：一个算法有 1 个或多个输出，程序最后要将计算的结果输出，在一个完整的算法中至少会有 1 个输出，没有输出的算法是毫无意义的。

（5）可行性（Effectiveness）：算法中执行的任何计算步骤都可以被分解为基本的可执行的操作步骤，即每个计算步骤都可以在有限时间内完成，算法的可行性也称之为有效性。

3.1.3 算法的表示方法

我们可以使用不同的方法来表示一个算法，常用的算法表示方法有自然语言、流程图（Flow Chart）和计算机语言等。

自然语言是指用汉语或英语这样的语言来表示算法，用自然语言表示算法，其特点是通俗易懂，但通常所用的文字比较冗长，并且容易出现歧义。

流程图是指用框图和流程线来表示算法，其特点是直观形象。美国国家标准化协会（ANSI）规定了流程图符号。常用的几种符号有：

（1）开始/结束框（▭）：用于表示本段算法的开始或结束，一个算法只能有一个开始，但可以有多个结束处。

（2）处理框（□）：用来表示算法的各种处理操作，此框有一个入口和一个出口。

（3）输入输出框（▱）：用来表示数据的输入或计算结果的输出。

（4）判断框（◇）：用来表示条件判断及产生分支的情况，菱形框的 4 个顶点，通常用上面的顶点表示入口，根据需要用其余两个顶点来表示出口。

（5）连接框（○）：用于标注因画不下而断开的流程线。

（6）流程线（——►）：有向线段，指出流程控制方向。

计算机语言：使用自然语言、数学符号或其他符号，来表示计算步骤要完成的处理或需要的数据。

例如，要设计一个算法，对任意输入的两个整数 x 和 y，找出并输出其中的较大值。这个算法比较简单，只要比较 x 和 y 就可以得到两者中的较大值，然后将较大值作为结果输出即可。

用自然语言，可以将这个算法描述为：

（1）输入变量 x、y 的值。

（2）比较 x 和 y。如果 $x > y$，则将 x 存入以 big 命名的存储单元中；否则，将 y 存入 big。

（3）输出结果 big。

这个算法也可以用图 3-1 的流程图来描述。图中“Y”表示 Yes，“N”表示 No。

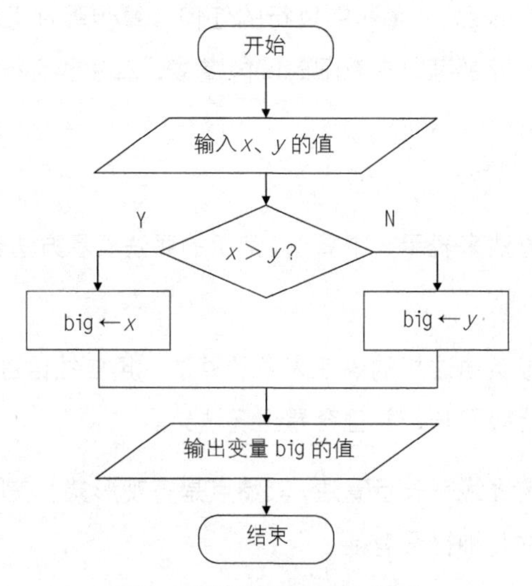

图 3-1 用流程图来表示算法

图框内的符号“←”是赋值号，表示将赋值号右边表达式运算的值存入左边的变量。“big ← x”表示将 x 的值存入变量 big 中。

用计算机语言描述算法为：

（1）input x,y

（2）如果 x > y，则 big ← x，否则 big ← y

（3）print(x,y)

课后练习

1．什么是算法，请举例说明。

2．输入两个变量的值，交换它们的值，最后输出交换后的这两个变量的值。请分别用自然语言、流程图和计算机语言来描述本题的算法。

3．设计一个算法，判断某一正整数是否为素数（质数）。

20世纪最伟大的十大经典算法

年代	算法	特点
1946年	蒙特卡洛方法	可用于近似计算圆周率
1947年	单纯形法	是求解类似线性规划问题的非常有效的方法
1950年	Krylov子空间迭代法	将复杂问题化简为阶段性的易于计算的子问题
1951年	矩阵计算的分解方法	使开发灵活的矩阵计算软件包成为可能
1957年	优化的Fortran编译器	世界上第一个被正式采用并流传至今的高级编程语言
1959年~1961年	计算矩阵特征值的QR算法	将复杂的高次方程求根问题化简为阶段性的易于计算的子步骤
1962年	快速排序算法	平均时间复杂度小
1965年	快速傅立叶变换	平均时间复杂度小，易于用硬件实现
1977年	整数关系探测算法	应用于“简化量子场论中的Feynman图计算”
1987年	快速多极算法	多用于物理、化学领域

详情请见附录2。

3.2 枚举算法及其程序实现

1. 枚举算法的基本思想
2. 枚举算法的实例分析
3. 枚举算法应用

3.2.1 什么是枚举算法

所谓枚举法，也称之为穷举法。枚举法的基本思想是根据提出的问题一一枚举所有可能的状态，并用问题给定的条件检验是否符合条件。若满足条件，则是该问题的一个解，否则就不是该问题的解。因此，枚举法常用于解决是否存在或有多少种可能等类型的问题。

使用枚举法求解的问题必须满足两个条件：

（1）可预先确定每个状态的元素个数 n，且问题的规模不是特别大；

（2）状态元素 a_1，a_2，…，a_n 的可能值为一个连续的值域。

设：a_{i1} 为状态元素 a_i 的最小值；a_{ik} 为状态元素 a_i 的最大值 $(1 \leq i \leq n)$，即 $a_{11} \leq a_1 \leq a_{1k}$，$a_{21} \leq a_2 \leq a_{2k}$，$a_{i1} \leq a_i \leq a_{ik}$，…，$a_{n1} \leq a_n \leq a_{nk}$。

for $a_1 \leftarrow a_{11}$ to a_{1k}

  for $a_2 \leftarrow a_{21}$ to a_{2k}

    for $a_i \leftarrow a_{i1}$ to a_{ik}

      for $a_n \leftarrow a_{n1}$ to a_{nk}

        if 状态 $(a_1，…，a_i，…，a_n)$ 满足检验条件：

          输出问题的解

枚举法的优点：

（1）由于枚举算法一般是现实生活中问题的直译，因此比较直观，易于理解；

（2）由于枚举算法建立在考察大量状态，甚至是穷举所有状态的基础上，所以算法的正确性比较容易证明。

枚举法的缺点：

枚举算法的效率取决于枚举状态的数量以及单个状态枚举的代价，因此效率比较低。

3.2.2 枚举算法实例分析

我们了解了枚举算法的基本思想之后，接下来我们通过农农的故事来学习枚举算法，理解什么是枚举算法，使用枚举算法解决问题的一般步骤，以及掌握使用枚举算法解决实际问题。

故事情节一：农农的困惑

正在读小学五年级的农农是个聪明调皮而诚实的孩子。有一天，农农的妈妈在三轮车上装了一筐蛋（足有几百个，有鸡蛋、鸭蛋和其他蛋），让农农给外婆送去，同时还给了农农一张折好的纸。农农可高兴了（呵呵，终于能帮妈妈做点事了），还没等妈妈的话说完，他就迫不及待地骑上三轮车出发了。途中，农农一直在想：这一筐鸡蛋有多少个呢？

于是，农农停下来拿出鸡蛋，一个个地数了起来：一个、两个……

大家能不能帮助农农计算出鸡蛋的数目？请用自然语言描述算法，并画出简单流程图。

其实上面这个例子我们用到了一种搜索方法——枚举法，也称为穷举法。我们可用自然语言描述：农农首先从筐中拿出一个蛋，如果此蛋为鸡蛋，则进行计数，否则不进行计数；然后再从筐中取出一个蛋，进行判断；如此继续，直到筐中没有蛋为止，最后我们就得到了问题的答案，即鸡蛋的个数。

当然，用流程图来描述算法最为直观形象，因此我们可把农农数鸡蛋的问题用流程图 3-2 表示。

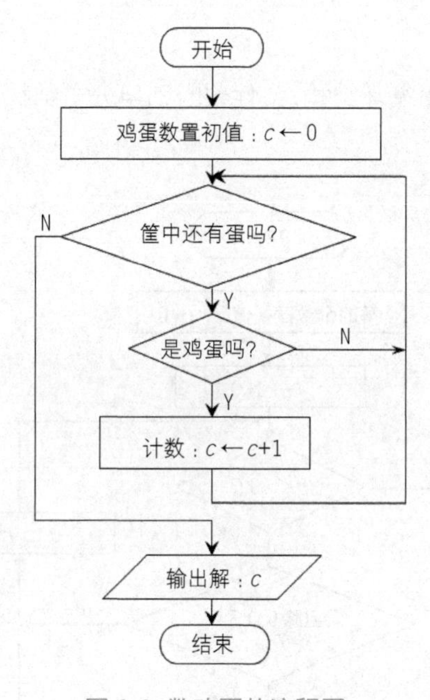

图 3-2　数鸡蛋的流程图

故事情节二：农农的烦恼

数着数着，农农觉得这样数没劲，于是他开始三个三个地数，发现最后剩两个；五个五个数，最后剩三个；七个七个数，最后剩两个。农农正在思考到底有多少个鸡蛋的时候，突然听到汽车的喇叭声，农农慌忙往路边躲闪，汽车从身边呼啸而过。“Oh，My God！还好没撞到。”农农正为自己庆幸，但他马上又发现那些蛋已洒满了一地，全碎了。这可怎么办呀，农农禁不住大哭起来……

这时，汽车已在前面停了下来，司机忙跑过来问道：“小朋友别哭，有没有伤着呀？告诉叔叔有多少蛋，叔叔会赔给你的。”听到叔叔说会赔，农农这才停止了哭泣，忙从口袋里拿出纸擦干了眼泪，并把刚才数鸡蛋的情况一五一十地告诉了叔叔，可两人算了半天也没算出个结果。

阅读故事情节后，我们不难知道问题的本质是求 100 ~ 999 这 900 个数中满足条件“三三数只剩二,五五数只剩三,七七数只剩二”的数及这些数的个数。要解决这个问题，我们只要把这 900 个数依次进行条件判断，如符合条件则是问题的解，然后输出解并进行计数，最后将结果输出即可。很显然，它符合枚举算法的基本思想，可以采用枚举算法来解决。下面我们来分析枚举算法的三要素，即枚举对象、枚举范围和条件判断。

枚举对象为鸡蛋的个数，枚举范围为 100 ~ 999，判断条件为“除 3 余 2，除 5 余 3，除 7 余 2”，因此分三步来解决此问题：画流程图、编写代码、调试运行程序。

（1）画流程图。

分析程序结构,枚举范围用循环结构,条件判断则用分支结构(选择结构)。流程图如图 3-3 所示。

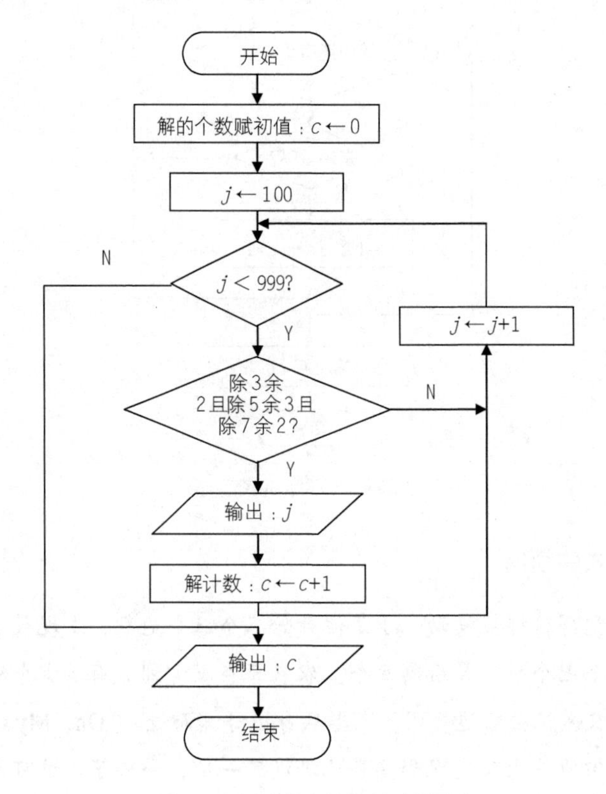

图 3-3 分析程序结构的流程图

画流程图之前先要理清思路，解决好这几个问题：枚举范围、判断条件、处理事件。

（2）编写代码。

确定程序结构语句，编写程序代码。循环语句我们可用 for 语句来实现，分支语句可用 if 语句来实现。

（3）调试运行程序，得出计算结果。

调试程序，分析结果找出错误原因，修改并完善程序。

通过调试，我们在 100 ~ 999 范围内可以求出 9 个解，但是鸡蛋的数量应该只有一个，那么到底有多少个鸡蛋呢？请继续看故事。

故事情节三：农农的收获

这时，农农想起了出发前妈妈给他的那张纸，咦，说不定妈妈在纸上写了鸡蛋的数目呢，快找找，可纸在哪儿呢？哦，农农想起来了，原来纸已经被他擦完眼泪扔了。于是他马上返回路边找了起来，费了好大劲终于找到了，打开一看纸上写着："这里鸡蛋数一共有：3□□，请妈妈……"可惜的是后面的两个数字已经被泪水模糊了。幸好农农还比较聪明，他马上就知道了答案，开开心心拿着钱回家了（因为鸡蛋没白碎，还学到了很多知识）。

既然知道是 3□□，那我们可将枚举范围改为 300 To 399，运行程序就可求出问题的答案。

最后，我们来总结枚举法的算法模式可概括为：

（1）确定问题解的可能范围，用循环结构实现（不能遗漏任何一个真正解）。

（2）写出符合问题解的条件。

因此，我们在解决枚举算法时，要正确确定枚举的范围，提高程序的运行效率，从而达到程序的优化。

3.2.3 枚举算法的程序实现

例 3-1：遗忘的密码

小王的 E-Mail 邮箱密码忘记了，但他需要收一封很重要的来信，请你帮他尽可能找出密码。他零星记得密码的信息如下：

① 密码是六位数字，前面两位为 31；

② 最后两位数字相同；

③ 能被 16 和 46 整除。

请你找出所有可能的密码及统计个数。

【算法分析】

我们只要把 31 开头的所有六位数进行枚举，满足条件"最后两位数字相同且是 16 和 46 的倍数"的数就是我们要求的答案。

分析题目可知，我们只需要枚举六位数中的后四位数字，如果某数满足条件并且是 16 和

46 的倍数，我们再求出此数个位和十位上的数字，如果相等就是本题的答案。

【程序实现】

```
n=0
for i in range(0,10000):
    s=310000+i
    if s % 46==0 and s % 16==0:
        a=s%10
        b=(s%100)//10
        if a==b:
            print(s)
            n=n+1
print(n)
```

【运行结果】

```
312800
315744
318688
3
```

例 3-2：陶陶摘苹果

【问题描述】

陶陶家的院子里有一棵苹果树，每到秋天树上就会结出 10 个苹果。苹果成熟的时候，陶陶就会跑去摘苹果。陶陶有个 30 厘米高的板凳，当她不能直接用手摘到苹果的时候，就会踩到板凳上再试试。

现在已知 10 个苹果到地面的高度，以及陶陶把手伸直的时候能够达到的最大高度，请帮陶陶算一下她能够摘到的苹果的数目。假设她碰到苹果，苹果就会掉下来。

【输入格式】

共两行，第 1 行包含 10 个 100 到 200 之间（包括 100 和 200）的整数（以厘米为单位）分别表示 10 个苹果到地面的高度，两个相邻的整数之间用一个空格隔开。第 2 行只包括一个 100 到 120 之间（包含 100 和 120）的整数（以厘米为单位），表示陶陶把手伸直的时候能够达到的最大高度。

【输出格式】

输出陶陶能够摘到的苹果的高度及个数。

【输入样例】

100 200 150 140 129 134 167 198 200 111

110

【输出样例】

5

【算法分析】

在10个苹果中，一一枚举每个苹果的高度，如果人能达到的高度大于或等于苹果的高度，那么该苹果是问题的一个解，根据题意进行计数，继续枚举下一个苹果的高度；如果人能达到的高度小于苹果的高度，则直接枚举下一个苹果的高度，直到10个苹果枚举完毕。很显然，符合枚举法的算法思想，因此，采用枚举法进行解题。

需要注意的是：在统计的时候，千万别忘了30厘米高的板凳，陶陶所能达到的最大高度为手伸直时的高度＋板凳高度。

【程序实现】

```
a=[]
n=int(input("请输入苹果的个数："))
for i in range(n):
    x=int(input("请输入苹果的高度："));
    a.append(x);
b=[]
l=int(input("请输入站在地上的高度:"));
h=int(input("请输入板凳的高度："));
count=0
for i in range(n):
    if a[i]<=l+h:
        b.append(a[i])
        count+=1
print(b)
print("共摘到苹果数为：",count)
```

【运行结果】

```
输入：
请输入苹果的个数：10
请输入苹果的高度：100
请输入苹果的高度：189
请输入苹果的高度：167
请输入苹果的高度：132
请输入苹果的高度：156
请输入苹果的高度：120
请输入苹果的高度：155
请输入苹果的高度：200
请输入苹果的高度：128
请输入苹果的高度：190
请输入站在地上的高度:100
请输入板凳的高度：40
输出：
[100, 132, 120, 128]
共摘到苹果数为： 4
```

例 3-3：求正整数（Int）

【问题描述】

对于任意输入的正整数 n，请编程求出具有 n 个不同因子的最小正整数 m。

例如：n=4，则 m=6，因为 6 有 4 个不同整数因子，即 1、2、3、6；而且是最小的有 4 个因子的整数。

【输入格式】

一个整数 n（$1 \leqslant n \leqslant 50000$）。

【输出格式】

输出一个整数 m，表示整数 m 是最小的有 n 个因子的整数。

【输入输出样例】

输入样例

4

输出样例

6

【算法分析】

本题我们只要对 1~50000 之间的数求其因子数，当某个数 m 的因子个数是 n 时，我们输出 n 即可，程序结束。

分析题目可知：枚举范围为 1 ~ 50000，枚举对象是区间内的数 m，判断条件是 m 的因子数是否为 n，我们可定义一个函数，用来求解并判断数 m 的因子及个数。

需注意的是，当找到因子个数是 n 的时候，就输出 m，并结束程序。

【程序实现】

```
import math
def sum(k):
    s=0
    for i in range(1,int(math.sqrt(k))+1):
        if k % i==0:
            s=s+2
        if k==i*i:
            s=s-1
    return s
k=int(input("请输入k："))
```

```
for i in range(1,50001):
    if sum(i)==k:
        print(i)
        exit()
```

【运行结果】

```
请输入 k：4
输出：6
请输入 k：6
输出：12
```

课后练习

1．百钱买百鸡问题：有一个人有 100 块钱，打算买 100 只鸡。到市场一看，大鸡 3 块钱 1 只，小鸡 1 块钱 3 只，不大不小的鸡 2 块钱 1 只。请你编写程序，帮他计划一下，怎么样买，才能刚好用 100 块钱买 100 只鸡。

2．将 1,2,…,9 共 9 个数分成三组，分别组成三个三位数，且使这三个三位数构成 1 ：2 ：3 的比例，试求出所有满足条件的三个三位数。例如：三个三位数 192、384、576 满足以上条件。

3．数字三角形。

把 1，2，…，9 共 9 个数排成下列形状的三角形：

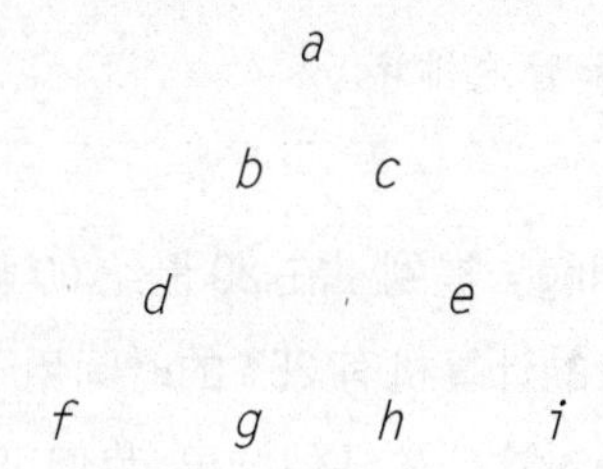

其中：a~i 分别表示 1，2，…，9 中的一个数字，并要求同时满足下列条件：

（1）$a < f < i$;

（2）$b < d$; $g < h$; $c < e$;

（3）$a+b+d+f=f+g+h+i=i+e+c+a=p$

程序要求：根据输入的边长之和 p，输出所有满足上述条件的三角形的个数及其中的一种方案。

4. 有 4 个学生，上地理课时提出我国四大淡水湖的排列次序如下：

甲：洞庭湖最大，洪泽湖最小，鄱阳湖第三；

乙：洪泽湖最大，洞庭湖最小，鄱阳湖第二，太湖第三；

丙：洪泽湖最小，洞庭湖第三；

丁：鄱阳湖最大，太湖最小，洪泽湖第二，洞庭湖第三。

对于各湖泊应处的位置，每个人只说对了一个。根据以上描述和条件，编写程序，让计算机判断一下各湖泊应该处于第几位。

3.3 排序算法及其程序实现

1. 排序算法的含义
2. Python 内置 reverse()、sort()、sorted()、reversed() 函数
3. 三种最基本的排序算法：插入排序、选择排序和冒泡排序

Donald Knuth 在《The Art of Computer Programming》提到：在 20 世纪 60 年代，计算机制造商们曾经估计，如果将所有的用户计入，他们制造的计算机有 25% 的时间用于排序。实际上，有很多计算机花了超过一半的计算时间在排序上。通过这样的评估结果，我们可以得出结论：可能确实有很多非常重要的和排序相关的应用，或者很多人在进行一些不必要的排序计算，再或者低效的排序算法被广泛采用造成了计算的浪费。排序算法的常用性和重要性如此可见一斑。

所谓排序，就是使一串记录，按照其中的某个或某些关键字的大小，递增或递减地排列起来的操作。排序算法，就是设计如何使得记录按照要求排列的方法。排序算法在很多领域得到相当的重视，尤其是在大量数据的处理方面。一个优秀的算法可以节省大量的资源。在各个领域中考虑到数据的各种限制和规范，要得到一个符合实际的优秀算法，得经过大量的推理和分析。

3.3.1 Python 内置排序方法和函数

（1）Python 内置 reverse()、sort() 方法可以快速地对列表进行排序。

reverse()、sort() 是可变对象（字典、列表）的方法，无参数，无返回值。使用它们可以直接改变可变对象。

例 3-4：将列表中元素反转排序

```
>>> x = [1,2,3,4,5]
>>> x.reverse()
>>> x
[5,4,3,2,1]
```

例 3-4 中可变对象列表 x，经过 reverse() 方法调用后，本身发生了变化。

例 3-5：将列表中的元素顺序排序

```
>>> x = [2,3,4,1,5]
>>> x.sort()
>>> x
[1,2,3,4,5]
```

要注意的一点是：reverse()、sort() 是可变对象独有的方法，不可变对象如元组、字符串是不具有这些方法的，如果调用会返回一个异常。

（2）Python 内置 reversed()、sorted() 函数对列表进行自定义排序。

reversed()、sorted() 是 Python 的内置函数，并不是可变对象（列表、字典）的特有方法，它们需要一个参数（参数可以是列表、字典、元组、字符串），无论传递什么参数，都将返回一个以列表为容器的返回值，如果是字典将返回键的列表。

例 3-6：用 sorted() 对列表进行排序

```
>>>sorted(46,8,-10,9,-28)
[-28,-10,8,9,46]
```

此外，sorted() 函数也是一个高阶函数，它还可以接受一个 key 函数来实现自定义排序。

例 3-7：

```
>>>sorted([-28,-10,8,9,46], key = abs)
[8,9,10,28,46]
```

key 指定的函数将作用于列表的每一个元素上，并根据 key 函数返回的结果进行排序。

reversed() 函数用法和 sorted() 函数一样。

3.3.2 Python 实现常见排序算法

我们来看下最简单的三种排序：插入排序、选择排序和冒泡排序。它们的平均时间复杂度均为 $O(n^2)$。

（1）**插入排序**。基本思想：插入排序的基本操作就是将一个数据插入到已经排好序的有序数据中，从而得到一个新的、个数加一的有序数据，算法适用于少量数据的排序，是相对稳定的排序方法。插入算法把要排序的数组分成两部分：第一部分包含了这个数组的所有元素，但将最后一个元素除外（让数组多一个空间才有插入的位置），而第二部分就只包含这一个元素（即待插入元素）。在第一部分排序完成后，再将这个最后元素插入到已排好序的第一部分中。

插入排序程序：

```
def insert_sort(lists):
      count = len(lists)
    for i in range(1, count):
        key = lists[i]
        j = i - 1
        while j >= 0:
            if lists[j] > key:
                lists[j + 1] = lists[j]
                lists[j] = key
            j -= 1
    return lists
```

（2）**选择排序**。基本思想：第 1 遍，在待排序记录 lists[1] ~ lists[n] 中选出最小的记录，将它与 lists[1] 交换；第 2 遍，在待排序记录 lists[2] ~ lists[n] 中选出最小的记录，将它与 lists[2] 交换；以此类推，第 i 趟在待排序记录 lists[i] ~ lists[n] 中选出最小的记录，将它与 lists[i] 交换，使有序序列不断增长直到全部排序完毕。

选择排序程序：

```
def select_sort(lists):
    count = len(lists)
    for i in range(0, count):
        min = i
        for j in range(i + 1, count):
            if lists[min] > lists[j]:
                min = j
        lists[min], lists[i] = lists[i], lists[min]
    return lists
```

初学者可能会觉得奇怪，程序中 "lists[i], lists[j] = lists[j], lists[i]" 能实现两个数交换？没错，这是交换两个数的做法，通常在其他语言中如果要交换 a 与 b 的值，常常需要一个中间变量 temp，首先把 a 赋给 temp，然后把 b 赋给 a，最后再把 temp 赋给 b。但是在 Python 中你就可以这么写：a, b = b, a，其实这是因为赋值符号的左右两边都是元组（这里需要强调的是，在 Python 中，元组其实是由逗号 "," 来界定的，而不是括号）。

（3）**冒泡排序**。基本思想：重复地走访过要排序的列表数据，一次比较两个元素，如果它们的顺序错误就把它们交换过来。走访数列的工作是重复地进行直到没有再需要交换的，也就是说该数列已经排序完成。

冒泡排序程序：

```
def bubble_sort(lists):
    count = len(lists)
    for i in range(0, count):
        for j in range(i + 1, count):
            if lists[i] > lists[j]:
                lists[i], lists[j] = lists[j], lists[i]
    return lists
```

一般情况下，建议使用 Python 自带的方法和函数来进行排序，效率高，执行速度快。

上机实践

1．假设我们用一组 tuple 表示学生名字和成绩：L = [('Lucy', 75), ('Jack', 92), ('Betty', 66), ('Tom' , 88)]，请用 sorted() 对上述列表分别按名字排序，再按成绩从高到低排序。

2．将三种排序算法手动敲入电脑，并建立列表，进行调用测试。尝试理解各个算法的执行过程。

课堂练习

1．下列不是 Python 中内置的排序方法或函数的是（　　）。

A．sort()　　B．sorted　　C．list()　　D．reversed()

2．假设 L 是一个待排序的列表，下列写法正确的是（　　）。

A．L.sorted　　B．sorted([L])　　C．L.sort　　D．L.sort()

阅读材料

归并排序，堆排序和快速排序

归并排序，堆排序和快速排序平均时间复杂度为 $O(n\log n)$。

（1）归并排序。对于一个子序列，分成两份，比较两份的第 1 个元素，小者弹出，然后重复这个过程。对于待排序列，以中间值分成左、右两个序列，然后对于各子序列再递归调用。源代码如下，由于有工具函数，所以写成了 callable 的类。

归并排序程序：

```
class merge_sort(object):
    def _merge(self, alist, p, q, r):
        left = alist[p:q+1]
        right = alist[q+1:r+1]
        for i in range(p, r+1):
            if len(left) > 0 and len(right) > 0:
                if left[0] <= right[0]:
                    alist[i] = left.pop(0)
                else:
                    alist[i] = right.pop(0)
            elif len(right) == 0:
                alist[i] = left.pop(0)
            elif len(left) == 0:
                alist[i] = right.pop(0)

    def _merge_sort(self, alist, p, r):
        if p<r:
            q = int((p+r)/2)
            self._merge_sort(alist, p, q)
            self._merge_sort(alist, q+1, r)
            self._merge(alist, p, q, r)
    def __call__(self, sort_list):
        self._merge_sort(sort_list, 0, len(sort_list)-1)
        return sort_list
```

（2）堆排序。堆排序是建立在数据结构——堆上的。关于堆的基本概念以及堆的存储方式这里不作介绍。这里用一个列表来存储堆（和用数组存储类似），对于处在 i 位置的元素，2*i+1 位置上的是其左孩子，2*i+2 是其右孩子，类似地可以得出该元素的父元素。

首先我们写一个函数，对于某个子树，从根节点开始，如果其值小于子节点的值，就交换。用此方法来递归其子树。接着，我们对于堆的所有非叶节点，自下而上调用先前所述的函数，得到一个树，对于每个节点（非叶节点），它都大于其子节点。（其实这是建立最大堆的过程。）在完成之后，将列表的头元素和尾元素调换顺序，这样列表的最后一位就是最大的数，接着在对列表的 0 到 n–1 部分再调用以上建立最大堆的过程。最后得到堆排序完成的列表。

堆排序程序：

```
class heap_sort(object):
    def _left(self, i):
        return 2*i+1
    def _right(self, i):
        return 2*i+2
    def _parent(self, i):
        if i%2==1:
            return int(i/2)
        else:
            return i/2-1
    def _max_heapify(self, alist, i, heap_size=None):
```

```
        length = len(alist)
        if heap_size is None:
            heap_size = length
        l = self._left(i)
        r = self._right(i)
        if l < heap_size and alist[l] > alist[i]:
            largest = l
        else:
            largest = i
        if r < heap_size and alist[r] > alist[largest]:
            largest = r
        if largest!=i:
            alist[i], alist[largest] = alist[largest], alist[i]
            self._max_heapify(alist, largest, heap_size)
    def _build_max_heap(self, alist):
        roop_end = int(len(alist)/2)
        for i in range(0, roop_end)[::-1]:
            self._max_heapify(alist, i)
    def __call__(self, sort_list):
        self._build_max_heap(sort_list)
        heap_size = len(sort_list)
        for i in range(1, len(sort_list))[::-1]:
            sort_list[0], sort_list[i] = sort_list[i], sort_list[0]
            heap_size -= 1
            self._max_heapify(sort_list, 0, heap_size)
        return sort_list
```

（3）快速排序。通过一趟排序将要排序的数据分割成独立的两部分，其中一部分的所有数据都比另外一部分的所有数据都要小，然后再按此方法对这两部分数据分别进行快速排序，整个排序过程可以递归进行，以此达到整个数据变成有序序列。

快速排序程序：

```
def quick_sort(lists, left, right):
    if left &gt;= right:
        return lists
    key = lists[left]
    low = left
    high = right
    while left &lt; right:
        while left &lt; right and lists[right] &gt;= key:
            right -= 1
        lists[left] = lists[right]
        while left &lt; right and lists[left] &lt;= key:
            left += 1
        lists[right] = lists[left]
    lists[right] = key
    quick_sort(lists, low, left - 1)
    quick_sort(lists, left + 1, high)
    return lists
```

3.4 查找算法及其程序实现

学习重点

1. 顺序查找的原理，算法及程序实现
2. 对分查找的原理，算法及程序实现

如果我们想知道某个英文单词的中文含义，可以翻开英语词典根据字母的索引去查找这个单词，然后找到它的中文含义。如果要在QQ上联系某位同学，可以打开QQ，在联系人列表里面找到这位同学的QQ号码或者在QQ软件的搜索栏输入这个同学的姓名或昵称找到这个同学的QQ号码并发送消息给他（她）。如果我们想找一些有关算法和数据结构的知识，可以打开百度搜索引擎，输入关键词“算法”或“搜索引擎”点击搜索，算法和数据结构相关的知识就会呈现在我们面前。以上三个例子有一个共通的地方，它们都描述了如何在数据集合中查找我们需要的信息，这就是查找。

查找的操作可以应用在很多的数据结构上，但通常是集合上，如列表、元组、字典等。我们可以在一个列表或元组中找到指定的元素，也可以在字典中查找指定键的键值对。我们也可以通过查找来判断某个元素是否在列表或元组中，判断字典中是否存在某个键的键值对。

本节将介绍两种最简单和常用的查找算法：顺序查找与对分查找。

3.4.1 顺序查找

1. 顺序查找原理

顺序查找是最简单的查找，它会将要查找的元素（键）依次与集合中的元素（键）进行比较，如果当前元素（键）不是要查找的元素（键）就继续和下一个元素（键）比较，如果找到了元素（键）顺序查找就结束，如果到最后一个元素（键）还不是我们要找的元素（键），那么就说明我们查找的元素（键）不在集合中。

假设我们现在有一个列表：

```
lst = [32, 17, 56, 25, 26, 89, 65, 12]
```

其中有 8 个整数，如果我们想找到 26 这个数字，那么过程是如何的呢？我们可以参考如图 3-4 所示的过程：

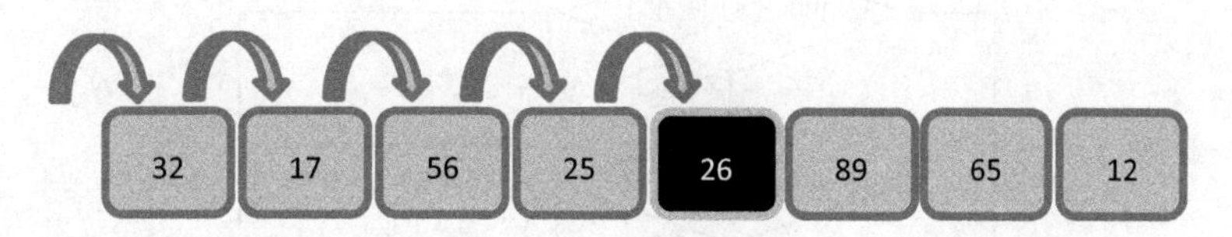

图 3-4 顺序查找元素 26

我们会从第 1 个元素开始，先比较 26 和第 1 个元素 32 是否相等，如果不相等，那证明不是我们要查找的元素，我们就和第 2 个元素 17 进行比较，如果不相等则继续第 3 个元素，以此类推，直到第 5 个元素 26 和我们要查找的元素 26 相等了，我们就找到了需要查找的元素 26 了。如果我们要查找的是元素 24 呢？如图 3-5 所示：

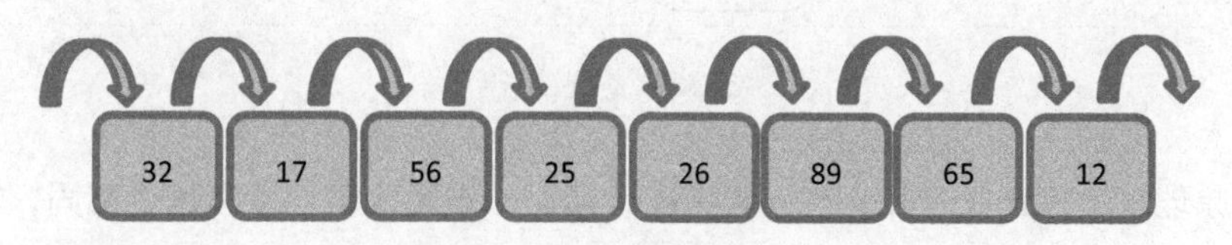

图 3-5 顺序查找元素 24

过程还是和前面一样的，但是直到最后一个元素，我们都没有找到元素 24，所以元素没有找到，说明元素 24 不在列表中。

从上面的例子我们可以看出顺序查找的算法时间复杂度。如果我们要在 n 个元素的列表中查找某个元素，最坏的情况，我们要和所有的 n 个元素进行比较，所以顺序查找的算法时间复杂度是 $O(n)$。

2. 顺序查找算法

图 3-6 是在有 length 个元素的列表 lst 中进行顺序查找的流程图。

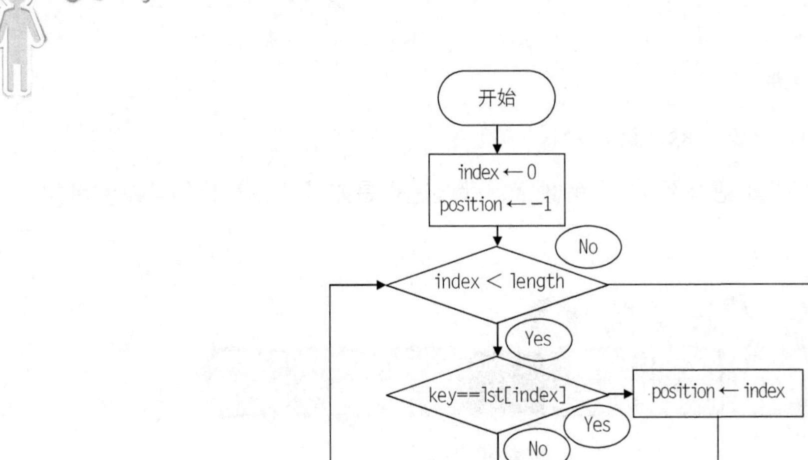

图 3-6 顺序查找的流程图

其基本原理就是将查找的 key 与列表中的元素逐一进行比较，看看是否相同，如果相同则代表找到，不相同继续比较下一个元素，列表中所有元素都比较过了，则代表 key 未找到。

3. 顺序查找的程序实现

在列表中查找元素。

```
1    lst = [32, 17, 56, 25, 26, 89, 65, 12]
2    key = 26    # 要查找的元素
3    position =-1   # 要查找元素的索引
4    length = len(lst)     # 列表长度
5    for index in range(0, length):
6        if lst[index] == key:
7            position = index
8            break
9    if position ==-1:    #-1 代表元素为查找到
10       print(" 要查找的元素 [" + str(key) + "] 不在列表 lst 中 ")
11   else:
12       print(" 要查找的元素 [" + str(key) + "] 的索引是：" + str(position))
```

3.4.2 对分查找

在上一小节中，我们看到了顺序查找存在一个致命的缺陷：当查找的元素位于列表后端的时候，查找次数较多，程序执行时间较长，查找次数决定了程序的性能好坏，为了能够使查找运行时间尽量短，效率尽量高，我们可以使用性能更好的查找算法，下面我们来介绍一下对分查找算法。

1. 对分查找原理

大家在电视上看到过猜价格的游戏吧？主持人拿出一桶金龙鱼的调和油，然后告诉参加游戏的人，金龙油的价格在 50~100 元之间，然后参与游戏的人开始猜价格，主持人会给出提示：猜的价格高了或者低了，然后参与游戏的人根据主持人的提示来调整猜测的价格。如果第 1 次猜价格为 75 元，则主持人需要给出提示：低了；然后下一次猜的时候就必须是 76~100 元以内；我们猜中间数 88，主持人给出提示：低了；再下一次猜的时候就是在 94~100 元以内；以此类推。

这其实就是一个典型的对分查找的例子，因为我们每次查找的时候都是将中间元素和要查找的元素进行比较，根据比较结果将查找区间缩小为上一次查找的一半，这样我们查找的区间会呈几何级地缩小，查找效率也会提升很多。但是这种方法有一个需要注意的条件：查找的数据必须是有序的（递增或递减），否则这个方法就不适用。

下面我们来看一个具体的例子。我们有 1 个 11 个数的列表 lst，假设我们要查找的元素 key 是 25，对分查找的过程如图 3-7 所示。

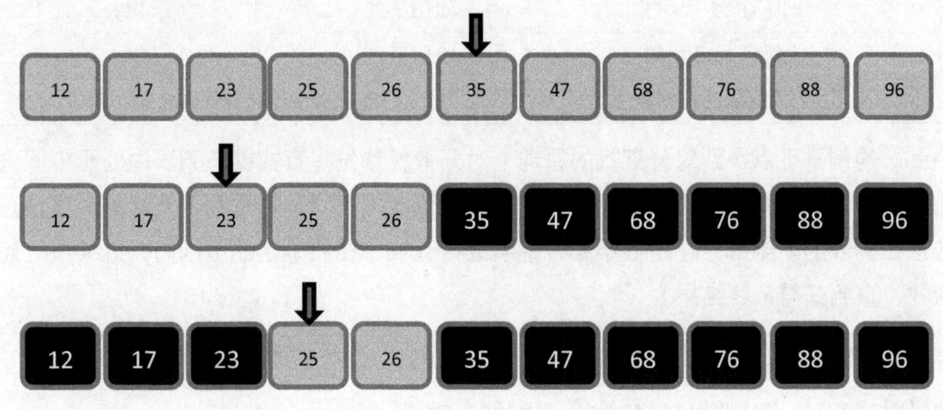

图 3-7 对分查找的过程

如图 3-7 所示，第 1 次查找的范围是第 1 个元素（索引 0）到第 11 个元素（索引 10），中间元素索引是 (0+10)//2=5，所以是第 6 个元素 35。我们要查找的元素 key=25 比 35 小，所以我们修改搜索区域范围为找到的中间元素之前第 1 个元素（索引 0）到第 5 个元素（索引 4）的区域范围，这次搜索的中间元素索引是 (0+4)//2=2，所以是第 3 个元素 23。我们要查找的元素 25 比 23 要大，所以修改搜索区域范围为找到的中间元素之后的区域第 4 个元素（索引 3）到第 5 个元素（索引 4），这次搜索的中间元素索引是 (3+4)//2=3，是第 4 个元素 25，就是我们要找的元素，查找结束。整个查找过程如表 3.1 所示。

表 3.1 对分查找元素 25 的过程

查找次数	区域范围	中间数（m）	key 与 m 关系
1	lst[0] to lst[10]	lst[5]: 35	key < m
2	lst[0] to lst[4]	lst[2]: 23	key > m
3	lst[3] to lst[4]	lst[3]: 25	key = m

如果我们要找的元素是 27 呢？前面 3 次查找的过程还是和前面一样。我们要找的元素 27 比第三次找到的元素 25 要大，所以修改区域范围为找到的中间元素之后的区域第 5 个元素（索引 4）到第 5 个元素（索引 4），中间元素索引是 (4+4)//2=4，所以是第 5 个元素 26。要找的元素 27 比 26 要大，所以修改区域范围为找到的中间元素后面的区域范围，但是后面已经没有区域范围了，所有的区域范围都已经被排除了，因此查找的元素不在范围内。整个查找过程如表 3.2 所示：

表 3.2 对分查找元素 27 的过程

查找次数	区域范围	中间数（m）	key 与 m 关系
1	lst[0] to lst[10]	lst[5]: 35	key < m
2	lst[0] to lst[4]	lst[2]: 23	key > m
3	lst[3] to lst[4]	lst[3]: 25	key > m
4	lst[4] to lst[4]	lst[4]: 26	Key > m
5	已无区域进行搜索	查找数字不存在于列表中	

由上面的例子可以得到对分查找的原理：对分查找首先将查找键与列表内处于中间位置的元素进行比较，如果中间位置上的元素内的数据与查找键不同，根据列表元素的有序性，就可确定应该在列表的前半部分还是后半部分继续进行查找；在新确定的范围内，继续按上述方法进行查找，直到获得最终结果。

在列表中的元素是有序的，设列表 lst 中存储了 n 个互不相同的元素，有：

```
lst[0]<lst[1]<…lst[i]<lst[i+1]<…<lst[n-1]
```

我们使用两个变量 s 和 e 分别代表查找区域开始位置的索引和结束位置的索引。整个列表 lst 的区域的索引是 0 到 n–1，则 b=0、e=n–1。假设我们要查找的元素是 key，每次查找的时候的中间元素的索引是 m（m=(b+e)//2），会出现三种情况：

（1）key=lst[m]：找到了要查找的元素，查找结束。

（2）key < lst[m]：查找的元素在中间数据之前，则我们要调整结束位置的索引 e=m–1，这样我们查找的范围就变成了 b 到 m–1。

（3）key > lst[m]：查找的数据在中间数据之后，则我们要调整开始位置的索引 b=m+1，这样我们查找的范围就变成了 m+1 到 e。

如果在某次 key 和中间数据 m 判断之后调整了区域的位置，且 b > e 了，那么说明开始位置索引已经到了结束位置索引之后，我们要查找的元素没有找到，查找结束。

在列表 lst 中，第 1 次查找如果未找到 key，则查找范围变成$\frac{1}{2}$，第 2 次没找到 key，则范围变为$\frac{1}{4}$；到第 k 次的时候还没找到，范围变为$\frac{1}{2^k}$，每次查找范围都缩小了一半，所以该算法的时间复杂度是 $O(\log_2 n)$，查找次数最多为 $Int(\log_2 n)+1$。

2．对分查找算法

假定我们查找的元素存放在一个列表 lst 中，数据元素的数量是 n=len(lst)，范围（这里的范围是指索引值的范围）是 [b, e]，我们要查找的元素的数据是 key，那么查找的步骤如下：

（1）初始化查找区域范围 b=0，e=n-1。

（2）判断查找的区域范围是否存在，如果 b ＞ e，区域不存在，则转到（7），如果 b ≤ e，则转到（3）。

（3）计算中间值索引 m=(b+e)//2。

（4）如果 lst[m] = key，那么转到（6），否则转到（5）。

（5）调整查找的区域范围：若 key ＞ lst[m]，则 b=m+1，否则 e=m-1，然后转到（2）。

（6）查找的数据元素找到，输出索引值。

（7）查找的数据元素不存在，结束。

上述算法表示为流程图如图 3-8 所示。

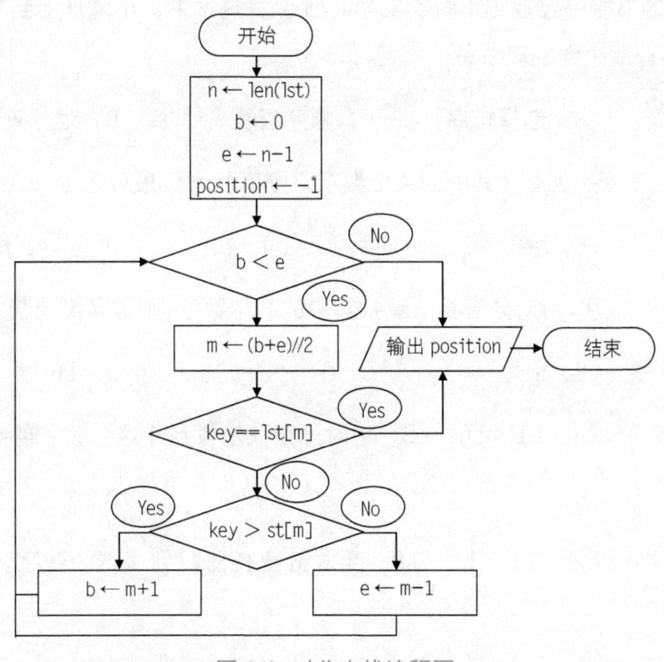

图 3-8 对分查找流程图

3. 对分查找程序实现

我们假设有一个 lst = [12, 17, 23, 25, 26, 35, 47, 68, 76, 88, 96]，我们要在其中查找元素 key=25，则其对分查找的程序如下：

```
1    lst = [12, 17, 23, 25, 26, 35, 47, 68, 76, 88, 96]
2    key = 25
3    n = len(lst)
4    b, e = 1, n - 1
5    position = -1
6    while b < e:
7        m = (b + e) // 2
8        if key == lst[m]:
9            position = m # 找到了我们要找的数，赋值给 position
10           break # 找到 key，退出循环
11       elif key > lst[m]:
12           b = m + 1
13       else:
14           e = m - 1
15   if position == -1:    #-1 代表元素为查找到
16       print(" 要查找的元素 [" + str(key) + "] 不在列表 lst 中 ")
17   else:
18       print(" 要查找的元素 [" + str(key) + "] 的索引是：" + str(position))
```

课后练习

一、选择题

1．小虞想在书房的书橱中寻找《跟着农农学 Python》这本书，小虞从上到下，自左向右挨个儿去翻书橱中的书，此过程的算法是（　　）。

A. 冒泡排序　　B. 选择排序　　C. 顺序查找　　D. 对分查找

2．n 个数字，用顺序查找法查找其中的某个数字，则查找次数最多是（　　）次。

A. n　　B. $n-1$　　C.（$n-1$）$*n/2$　　D.（$n+1$）$*n/2$

3．顺序排列的 16 个数字，用对分查找法查找其中的某个数字，则最多需要查找的次数为(　　)。

A. 4　　B. 5　　C. 8　　D. 16

4．7 个数字：4、7、8、9、11、16、18，用对分查找法找到 4 这个数字需要查找（　　）次。

A. 1　　B. 2　　C. 3　　D. 4

5．7 个数字：4、7、8、9、11、16、18，用对分查找法找到 4 这个数字，依次访问到的数据是（　　）。

A. 4　　B. 11, 7, 4　　C. 9, 7, 4　　D. 9, 8, 4

6. 下列说法正确的是 (　　)。

A. 顺序查找的数据排列必须是顺序的

B. 对分查找的数据排列必须是顺序的

C. 对分查找算法效率约是顺序查找算法效率的 2 倍

D. 任何情况下，对分查找算法都比顺序查找算法效率高

二、填空题

1. 判断元素 key 是否存在于 6 个元素的列表 lst 中的代码如下：

```
position =-1
for index in range(0, 6):
    if ________________:
        position = index
        break
if _________________:
    print(" 元素存在于列表中 ")
else:
print(" 元素不存在于列表中 ")
```

程序画线处代码______________________。

程序画线处代码______________________。

2. 程序段：

```
lst = [1, 9, 8, 2, 0, 1, 2, 4]
found = False
i = 0
while i < 7 and not found:
    if lst[i] == key:
        found = True
    i += 1
```

当 key 为 2 时，程序段运行后 i 的值是_________。

3. 有如下查找 key 的程序：

```
lst = [13,62,333,400,512,699,710]
key = int(input(" 请输入要查找的数字 "))
n = len(lst)
b, e = 1, n-1
position = -1
while b < e:
_____________________
    if key == lst[m]:
        position = m
```

```
        break
    elif key > lst[m]:
    __________________
    else:
        e = m-1
print(position)
```

程序画线处代码________________________。

程序画线处代码________________________。

4．小虞编制了一个程序，这个程序能根据输入的学号来查找学生的姓名。学生的信息存放在列表 lst 中。

```
lst = [{'num':1, 'name': '小虞'},{'num':2, 'name': '俊杰'},{'num':3,
'name': '农农'},
{'num':4, 'name': '李雷'},{'num':5, 'name': '韩梅梅'},{'num':6,
'name': '玛丽'},
{'num':7, 'name': '丰丰'},{'num':8, 'name': '源源'},{'num':9,
'name': '忠忠'}]
find_num = int(input("请输入要查找的学号："))
for i in range(0, len(lst)):
    if________________:
        student = lst[i]
        break
print(student[________])
```

（1）该程序使用的算法是________________。

（2）程序画线处应填入的代码是______________________。

（3）程序画线处应填入的代码是______________________。

俊杰觉得上面的程序不太好，他做了如下的改进：

```
find_num = int(input("请输入要查找的学号："))
n = len(lst)
b, e, k = 1, n - 1, 0
position =-1
while b < e:
    k += 1
    m = (b + e) // 2
    if________________:
        position = m
        break
    elif find_num > lst[m]['num']:
    ________________
    else:
    ________________
if position == -1:
    print("要查找的学号[" + str(find_num) + "]不在列表 lst 中")
else:
print("要查找的学号[" + str(find_num) + "]的姓名是：" +______)
```

（1）该程序使用的算法是________________。

（2）程序画线处应填入的代码是 ____________________。

（3）程序画线处应填入的代码是 ____________________。

（4）程序画线处应填入的代码是 ____________________。

（5）程序画线处应填入的代码是 ____________________。

（6）当程序执行完毕之后，程序中的变量 k 里面存放的整数代表的含义是什么?

三、程序编写

将 100 以内的素数存放到列表 lst 中，在命令行输入一个 100 以内的整数，程序能够判断它是不是素数，如果是素数则输出这是 100 以内的第几个素数。

3.5 递推算法及其程序实现

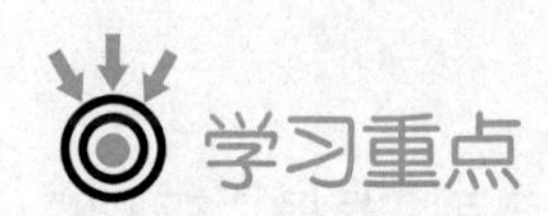

1. 递推算法的概念与基本思想
2. 递推算法实例分析
3. 递推算法的应用

3.5.1 什么是递推算法

客观世界中的各个事物之间或者一个事物的内部各元素之间，往往存在或隐藏着很多本质上的关联。我们在设计程序前，应该要通过细心的观察、丰富的联想、不断的尝试推理，尽可能先归纳总结出其内在规律，然后再把这种规律性的东西抽象成数学模型，最后再去编程实现。

递推关系是一种简洁高效的常见数学模型，比如我们熟悉的斐波那契（Fibonacci）数列问题，$G(1)=1$，$G(2)=1$，在 $n>2$ 时有：$G(n)=G(n-1)+G(n-2)$。在这种类型的问题中，每个数据项都和它前面的若干个数据项（或后面的若干个数据项）有一定的关联，这种关联一般是通过一个递推关系式来表示的。求解问题时我们就从初始的一个或若干数据项出发，通过递推关系式逐步推进，从而得到问题的最终结果。这种求解问题的方法叫递推法。其中，初始的若干数据项称为“边界”。

递推算法是一种简单的算法，即通过已知条件，利用特定关系得出中间推论，直至得到结果的算法。递推算法分为顺推和逆推两种。所谓顺推法是从已知条件出发，逐步推算出要解决的问题的方法。所谓逆推法是从已知问题的结果出发，用迭代表达式逐步推算出问题的开始的条件，即顺推法的逆过程。

3.5.2 递推算法实例分析

我们了解递推算法的基本思想之后，接下来我们来看一个递推法的简单例子。

例 3-8：钓鱼比赛

【问题描述】

儿童节那天，有六位同学参加了钓鱼比赛，他们钓到鱼的数量都不相同。问第一位同学钓了多少条时，他指着旁边的第二位同学说比他多钓了两条；追问第二位同学，他又说比第三位同学多钓了两条……如此，都说比另一位同学多钓了两条。最后问到第六位同学时，他说自己钓了 3 条。到底第一位同学钓了多少条鱼?

【算法分析】

设第一位同学钓了 k_1 条鱼，欲求 k_1，需从第六位同学的钓鱼条数 k_6 入手，根据“多两条”这个规律，按照一定顺序逐步进行推算：

$k_6=3$

$k_5=k_6+2=3+2=5$

$k_4=k_5+2=5+2=7$

$k_3=k_4+2=7+2=9$

$k_2=k_3+2=9+2=11$

$k_1=k_2+2=11+2=13$

本程序的递推算法可用图 3–9 来描述：

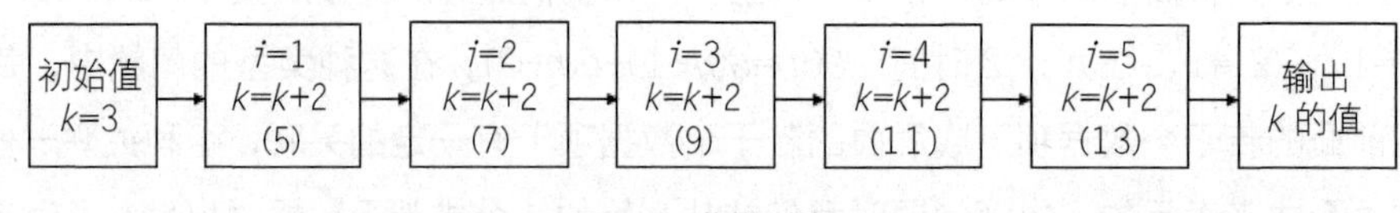

图 3-9 递推过程

【核心代码】

```
ans=3
for i in range(1,6):
    ans+=2
print(ans)
```

【运行结果】

13

例 3-9：猴子吃桃

【问题描述】从前有一个小猴子特别爱吃桃子，它经常去桃园摘桃吃。小猴子非常聪明，它出了个吃桃子的问题想考一考同学们：小猴子第一天摘下若干个桃子，当即吃掉了一半，还不过瘾，又多吃了一个；第二天早上又将剩下的桃子吃掉一半，又多吃了一个；以后每天早上都吃了前一天剩下的一半多一个。到第十天早上猴子想再吃时，发现只剩下一个桃子了，问第一天猴子共摘了多少个桃子？

【算法分析】

（1）根据题意可知：先从最后一天的桃子数推出倒数第二天的桃子数，再从倒数第二天的桃子数推出倒数第三天的桃子数……即从最后的结果倒推出原始的状况。这显然是一个递推算法（倒推）。

（2）递推条件。

假设第 n 天的桃子数为 X_n，已知它是前一天桃子数 X_{n-1} 的 0.5 倍再减去 1。

初始条件：$X_{10}=1$

递推公式：$X_{n-1}=(X_n+1)*2$

【程序实现】

```
x=1
for n in range(2,11):
    x=(x+1)*2
print("The number of peaches is:",x)
```

【运行结果】

```
The number of peaches is:1534
```

例 3-10：棋盘格数

【问题描述】设有一个 $N*M$ 方格的棋盘（$1 \leqslant N \leqslant 100, 1 \leqslant M \leqslant 100$），求出该棋盘中包含有多少个正方形、多少个长方形（不包括正方形）。

例如：当 N=2，M=3 时：

正方形的个数有 8 个：即边长为 1 的正方形有 6 个；边长为 2 的正方形有 2 个。

长方形的个数有 10 个：即 2*1 的长方形有 4 个；1*2 的长方形有 3 个；3*1 的长方形有 2 个；3*2 的长方形有 1 个。

输入数据：

N，M

输出数据：

正方形的个数与长方形的个数。

输入输出示例：

输入：2，3

输出：8，10

【算法分析】

（1）计算正方形的个数 $s1$，则有：

边长为 1 的正方形个数为：$n*m$

边长为 2 的正方形个数为：$(n-1)*(m-1)$

边长为 3 的正方形个数为：$(n-2)*(m-2)$

……

边长为 min{n,m} 的正方形个数为（$m-\min\{n,m\}+1$）$*(n-\min\{n,m\}+1)$。

根据加法原理得出递推关系式为：

$$s1=\sum_{i=0}^{\min\{m,n\}-1}(n-i)*(m-i)$$

（2）长方形和正方形的个数之和为 s，则有：

宽为 1 的长方形和正方形有 m 个，宽为 2 的长方形和正方形有 m−1 个……宽为 m 的长方形和正方形有 1 个；

长为 1 的长方形和正方形有 n 个，长为 2 的长方形和正方形有 n−1 个……长为 n 的长方形和正方形有 1 个。

根据乘法原理：

$s=(1+2+\cdots+n)*(1+2+\cdots+m)=(1+n)*(1+m)*n*m/4$

（3）长宽不等的长方形个数 $s2$，则有：$s2=s-s1$。

【核心代码】

```
m=int(input("请输入m:"))
n=int(input("请输入n:"))
m1=m
n1=n
s1=m1*n1
while (m1!=0) and (n1!=0):
    m1=m1-1
    n1=n1-1
    s1=s1+m1*n1
s2=((m+1)*(n+1)*m*n) // 4 - s1
print("正方形数为:",s1,"长方形数为:",s2)
```

【运行结果】

```
请输入m:2
请输入n:3
正方形数为:8    长方形数为:10
```

3.5.3 递推算法应用

例 3-11：极值问题

【问题描述】已知 m、n 为整数，且满足下列两个条件：

① m、$n \in \{1,2,\cdots,k\}$，即 $1<=m$，$n<=k$；

② $(n^2-mn-m^2)^2=1$

你的任务是：编程由键盘输入正整数 k（$1 \leqslant k \leqslant 109$），求一组满足上述条件的 m、n，并使 m^2+n^2 的值最大。例如，从键盘输入 $k=1995$，则输出：$m=987$，$n=1597$。

【算法分析】这是一个纯数学题。我们的一般思维是用求根方式求方程②的解（加上限制条件 k），但我们发现 k 的值非常大，如果 k 的值超过 105 就很难快速求出解。

要提高效率，必须对问题进行推理和变换，使问题直观，同时挖掘出问题的本质。于是，对方程②进行数学变换：

$(n^2-mn-m^2)^2$

$=(m^2+mn-n^2)^2$

$=[(n+m)^2-n(n+m)-n^2]^2$

$=[(n')^2-m'n'-(m')^2]^2$

令 $n'=m+n$，$m'=n$

我们可以得出：如果 m 和 n 为一组满足条件①和条件②的解，那么 m' 和 n' 也为一组满足条件①和条件②的解。令 $m=1$，$n=1$，满足方程，即 1、1 为此方程的最小值。将满足条件①、②的 m 和 n 按递增顺序排列出来，即 1 ，1，2，3，5，8，…。

此时，我们通过分析终于找到规律，原来这是个 Fibonacci 数列。本题的本质是求数列中小于 k 的最大相邻数。

【核心代码】

```
# 确定 Fibonacci 数列的头两项数
m=1
n=1
t=0
k=int(input("输入 k 的值："))
while t<=k:
    t=m+n
    if t<=k
        m=n
        n=t
print("m="+str(m),"n="+str(n))
```

【运行结果】

```
输入 k 的值：1000
m=610  n=987
```

例 3-12：慈善的约瑟夫

【问题描述】

老约瑟夫将组织大家玩一个新游戏，假设 n 个人站成一圈，从第 1 个人开始交替去掉游戏者，但是只是暂时去掉，直到剩下最后唯一的幸存者为止。幸存者逃出后，所有比幸存者号码高的人每人得到 1TK（一种货币），并且永久性地离开。其余的人将重复上面的游戏，经过这样的过程后，一旦人数不再减少，则剩下所有的人每人得到 2TK，计算一下老约瑟夫需要付多少钱。

【样例输入】

10

【样例输出】

13

【算法分析】

从题意可知，每人至少可得 1TK，只有最后的那些幸存者才得到 2TK，所以我们只要找出最后幸存的几个人就解决问题了！

假设经过 m 次后还剩下 $f[m]$ 个人，此时人数不再减少，则问题的解为 $f[m]+n$。现在的关键就是如何求 $f[m]$。

显然，当第 i 次的 $f[m]=i$ 时，人数就不会再减少了，此时的 i 即为 m；否则，我们要对剩下的 $f[i]$ 个人再进行报数出列操作。

设 num[i] 为 i 个人的圈报数后的幸存者编号，设报到 k 的人出去，则 num[$i-1$] 可以理解为第一轮第一次报数，k 出去后的状态。如下图 3-10（a）所示，k 出去后会从 $k+1$ 继续报数，此时圈中有 $i-1$ 个人，从 $k+1$ 开始报数，编号如序列 a：

num[i]：$k+1$，$k+2$，…，i，1，…，$k-1$　　　　　　　　序列 a

我们把这个圈逆时针旋转 k 个单位，即变成下图 3-10（b）的状态，此时报数的序列如序列 b：

num[$i-1$]：1，2，…，$i-k$，$i-k+1$，$i-k+2$，…，$i-1$　　　　序列 b

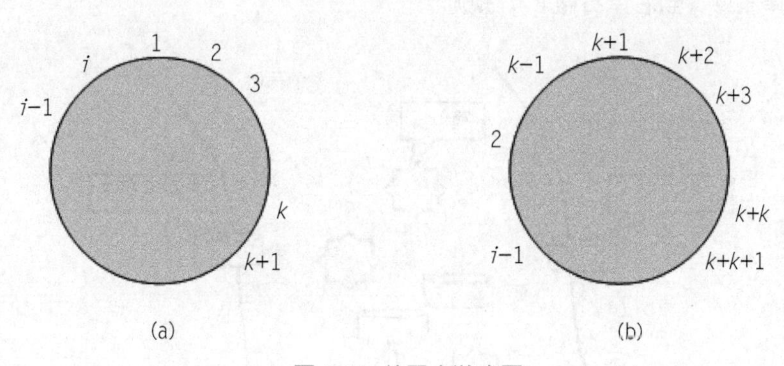

图 3-10　约瑟夫游戏圈

观察两个序列，我们发现，除了加边框的两个数据外，其他所有数据都满足下列规律：

num[i]=(num[$i-1$]+k) mod i

我们对这个式子稍做调整可得到：num[i]=(num[$i-1$]+1) mod i+1。

至此，我们就找到了问题的递推式，边界也很明显，即 num[i]=1。然后，经过顺推求出每个 num[i]，直到某一次 num[i]=i，则 $f[i]=i$，否则 $f[i]=f$[num[i]]。

【程序实现】

```
max=32767
```

```
num=[0]*(max+1)
f=[0]*(max+1)
num[1]=1
f[1]=1
for i in range(2,max+1):
num[i]=((num[i-1]+1) % i)+1    #递推求num[i]
# 经过本次报数，编号比i大的都已出列，因此本次幸存者的编号就是幸存人数
    if num[i]==i:
        f[i]=i
    else:     #对本次幸存者继续递推
        f[i]=f[num[i]]
n=int(input("请输入n："))
print("需付钱：",f[n]+n)
```

【运行结果】

```
请输入n：10
需付钱：13
```

例 3-13：青蛙过河

【问题描述】

有一条河，左边一个石墩（A 区）上有编号为 1，2，3，4，…，*n* 的 *n* 只青蛙，河中有 *k* 个荷叶（C 区），还有 *h* 个石礅（D 区），右边有一个石礅（B 区），如图 3-11 所示。*n* 只青蛙要过河（从左岸石礅 A 到右岸石礅 B），规则为：

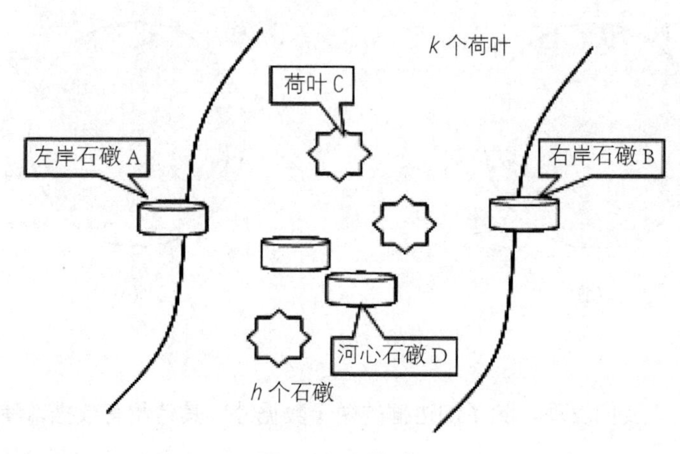

图 3-11 青蛙过河

（1）石礅上可以承受任意多只青蛙，荷叶只能承受一只青蛙（不论大小）；

（2）青蛙可以：A→B（表示可以从 A 跳到 B，下同），A→C，A→D，C→B，D→B，D→C，C→D；

（3）当一个石礅上有多只青蛙时，则上面的青蛙只能跳到比它大 1 号的青蛙上面。

你的任务是对于给出的 h、k，计算并输出最多能有多少只青蛙可以根据以上规则顺利过河。

【输入格式】

仅一行，h，k

【输出格式】

输出仅一行，顺利过河的青蛙的个数。

【输入样例】

2 3 {河中间有 2 个石礅，3 个荷叶}。

【输出样例】

16 {最多有 16 只青蛙可以按照规则过河}。

【核心代码】

我们从具体到一般来推导，推导过程如下：

$F[0][0]=1$

$F[0][k]=k+1$;　　　　（如 $k=3$ 时，有 4 只青蛙可以过河）

$F[1][k]=2(k+1)$;　　　　（递推思想）

……

依次类推：$f[2][k]=(2*(k+1))*2=2^2(k+1)$;

……

【核心代码】

```
h=int(input("请输入h:"))
k=int(input("请输入k:"))
s=k+1
for i in range(1,h+1)
    s*=2;
print("过河的青蛙数为:",s)
```

【运行结果】

```
请输入h:2
请输入k:3
过河的青蛙数为:16
```

课后练习

1．铺砖

【问题描述】用 1×1 和 2×2 的磁砖不重叠地铺满 $N\times3$ 的地板，共有多少种方案？

【输入格式】

仅一行包含一个正整数 N 。

【输出格式】

单独一行包含一个整数表示方案数，由于结果可能很大，你只需要输出这个答案 mod 12345 的值。

【输入样例】

2

【输出样例】

3

2．棋盘控制

【问题描述】在一个 $N\times N$ 的棋盘上放置 k（$k\leqslant N$）个中国象棋中的“车”，要求这 k 个“车”不能相互攻击，请问总共有多少种摆放方法？

【输入格式】

输入数据仅一行，包含两个整数 N（$1\leqslant N\leqslant 20$）和 k，数字中间用空格隔开。

【输出格式】(broad.out)

输出数据仅一个整数，即总摆放方法数。

【输入样例】

3 2

【输出样例】

18

3．多米诺骨牌

【问题描述】有 N 块 1×2 大小的骨牌需要放入一个 $2\times N$ 的牌盒中，请问共有多少种放法？

（输出总放法数的最后 100 位即可。）

【输入格式】（domino.in）

输入数据仅一个自然数 N（$N \leq 106$）。

【输出格式】（domino.out）

输出数据共 4 行，每行 25 位，共 100 位。表示总放法数的最后 100 位。不满 100 位时高位用 0 补足。

【输入样例】

5

【输出样例】

0000000000000000000000000

0000000000000000000000000

0000000000000000000000000

0000000000000000000000008

4．括号序列（bracket.pas）

【问题描述】定义如下规则序列（字符串）：

1．空序列是规则序列；

2．如果 S 是规则序列，那么 (S) 和 [S] 也是规则序列；

3．如果 A 和 B 都是规则序列，那么 AB 也是规则序列。

例如，下面的字符串都是规则序列：

()，[]，(())，([])，()[]，()[()]

而以下几个则不是规则序列：

(，[，]，)(，())，([()

现在，给你一些由“(”、“)”、“[”、“]”构成的序列，你要做的是找出一个最短规则序列，使得给你的那个序列是你给出的规则序列的子列。（对于序列 a_1，a_2，…，a_n 和序列 b_1，b_2，…，b_m，如果存在一组下标 $1 \leq i_1 < i_2 < \cdots < i_n \leq m$，使得 $a_j=b_{i_j}$ 对一切 $1 \leq j \leq n$ 成立，那么 a_1，a_2…，a_n 就叫做 b_1，b_2，…，b_m 的子列。

【输入格式】

输入文件仅一行，全部由“(”、“)”、“[”、“]”组成，没有其他字符，长度不超过100。

【输出格式】

输出文件也仅有一行，全部由“(”、“)”、“[”、“]”组成，没有其他字符，把你找到的规则序列输出即可。因为规则序列可能不止一个，因此要求输出的规则序列中嵌套的层数尽可能的少。

【输入样例】

([()

【输出样例】

()[]()　　　　　　　　{最多的嵌套层数为1，如层数为2时的一种为()[()]}

3.6 递归算法及其程序实现

1. 递归算法的含义
2. 递归程序的执行过程
3. 利用递归算法解决典型问题

3.6.1 递归算法的含义

一个过程或函数的定义中，其内部操作又直接或间接地出现了对自身程序的引用，这种程序调用自身的编程方式称为递归（recursion）。

递归作为一种算法在程序设计语言中广泛应用，它通常把一个大型复杂的问题层层转化为一个与原问题相似的规模较小的问题来求解，递归策略只需少量的程序就可描述出解题过程所需要的多次重复计算，大大地减少了程序的代码量。一个类似的函数定义如下：

```
def recursion():
    return recursion()
```

理论上，这个程序会一直执行下去，这类递归称为无穷递归。但运行这个程序时会发现，程序直接崩溃了（发生异常）。这是因为 Python 对递归函数调用的深度做了限制，并且和其他函数式编程语言（如 Scheme）不同，Python 不会进行尾递归优化，无穷递归最终会以“超过最大递归深度”的错误信息结束。一般来说，递归需要有边界条件、递归前进段和递归返回段。当边界条件不满足时，递归前进；当边界条件满足时，递归返回。

我们规定有用的递归函数应该具有如下特点：

（1）递归就是在过程或函数里调用自身。

（2）在使用递归策略时，必须有一个明确的递归结束条件，称为递归出口。

（3）递归算法解题通常显得很简洁，但递归算法的运行效率较低。所以一般不提倡用递归算法设计程序。

递归算法所体现的“重复”一般有三个要求：

一是每次调用在规模上都有所缩小（通常是减半）。

二是相邻两次重复之间有紧密的联系，前一次要为后一次做准备（通常前一次的输出就作为后一次的输入）。

三是在问题的规模缩到极小时必须直接给出解答而不再进行递归调用，因为每次递归调用都是有条件的（以规模未达到直接解答的大小为条件），无条件递归调用将会成为死循环而不能正常结束。

3.6.2 递归程序的执行过程

递归程序在执行过程中，一般具有如下模式：

（1）程序进入递归函数，开始运算；

（2）运算结束后，开始判断输出是否满足退出递归的条件；

（3）若满足退出递归的条件则退出递归，向下执行程序；

（4）否则继续递归调用，只是递归调用的参数发生变化。

例 3-14：用递归计算 n！

分析：关于 n！的数学定义可描述为：

（1）1 的阶乘是 1；

（2）大于 1 的数 n 的阶乘是 n 乘 n–1 的阶乘。

这是递归定义最简单而典型的例子。把求 n！转化为求 $(n-1)$！的问题，因为 $(n-1)$! 乘上 n 就是 n！。而求 $(n-1)$！又可转化为求 $(n-2)$！的问题……最后归结到求 0！的问题，由 0！=1 一步步返回去求出 1！、2！……直到求出 n！。

用递归计算阶乘的程序：

```
n=int(input('n:'))
def factorial(n):
if n==1:
return 1
else:
return n*factorial(n-1)
print factorial(n)
```

3.6.3 递归程序设计

能够用递归算法解决的问题，一般满足如下要求：

（1）必须有最终可达到的终止条件，否则程序将陷入无穷循环；

（2）子问题在规模上比原问题小，或更接近终止条件；

（3）子问题可通过再次递归调用求解或因满足终止条件而直接求解；

（4）子问题的解应能组合为整个问题的解。

例 3-15：用递归方法求两个数 m 和 n 的最大公约数（$m>0,n>0$）

分析最大公约数算法：给定两个数，如果两个数相等，最大公约数是其本身；如果不等，取两个数相减的绝对值和两个数中较小的数比较，相等则为最大公约，不等则继续上面的算法，直到相等。

用递归求最大公约数的程序：

```
m=int(input('m:'))
n=int(input('n:'))
def gcd(m,n):
if m==n:
return m
else:
themin=min(m,n)
return gcd(themin, int(abs(m-n)))
print gcd(m,n)
```

例 3-16：汉诺塔问题

对于递归算法，最经典的问题就是汉诺塔问题。有 3 根相邻的柱子，如图 3-12 所示，标号为 A、B、C，A 柱上从下到上按金字塔状叠放着 n 个不同大小的盘子，要把所有盘子一个一个移动到 C 柱上，并且每次移动时同一根柱子上都不能出现大盘子在小盘子上方，现要求设计将 A 柱上的 n 个盘子移动到 C 柱上的方法。

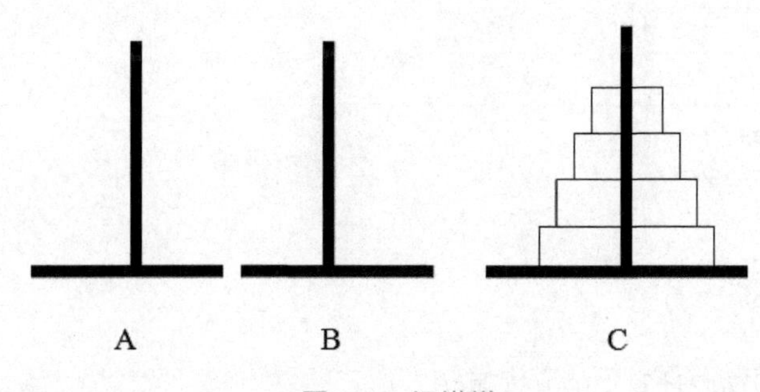

图 3-12 汉诺塔

当 n=1 时，只需要直接从 A 柱上将一个盘子移动到 C 柱上即可；

当 n=2 时，需要移动 3 次：

A-1 → B A-2 → C B-1 → C

当 n=3 时，需要移动 7 次：

A-1 → C A-2 → B C-1 → B A-3 → C B-1 → A B-2 → C A-1 → C

…

由此可见，为了将 A 柱上的 n 个盘子移动到 C 柱上：

当 n=1 时，需要 1 次移动；

当 n > 1 时，总是先将 A 柱上的 n-1 个盘子设法移动到 B 柱上，这时将 A 柱上剩余的最后一个盘子直接移动到 C 柱上；

接着，便是将 B 柱上的 n-1 个盘子移动到 C 柱上。

在移动盘子过程中，3 个柱子可以分别理解为起始点、中转点和终点，即将 n 个盘子从 A 柱（起始点），利用 B 柱（中转点）移动到 C 柱（终点）。实现的算法可描述为：

第 1 步，如果 n=1，直接从 A 柱上将一个盘子移动到 C 柱上。

第 2 步，如果 n > 1，则分 3 小步完成：

（1）将 A 柱（起始点）上的 n-1 个盘子移动到 B 柱（终点）上，以 C 柱作为中转点；

（2）将 A 柱上剩下的一个盘子移动到 C 柱上；

（3）将 B 柱（起始点）上的 n-1 个盘子移动到 C 柱（终点）上，以 A 柱作为中转点。

汉诺塔问题的程序：

```
def move(n, a, b, c):
    if n == 1:
        print a+'-->'+c
    else:
        move(n-1,a,c,b)
        print a+'-->'+c
        move(n-1,b,a,c)
```

上机实践

1．编写程序，用递归计算 X 的 n 次幂（X^n）。

提示：关于 X^n 的数学定义可描述为：

当 n=0 时，$X^0=1$；

当 $n>0$ 时，$X^n=X*X^{n-1}$。

2．编写程序，用递归法判断所输入的一行字符是否为回文。这里所说的回文是指输入的一行字符，以“-”字符为中心，其两边的字符是对称的。

例如：

输入：ABCDEF-FEDCBA

输出：It is symmetry.

提示：设一行字符为 M-W，对 M 分解成由 ch1 标记的一个字符与一字符子串 m；对 W 分解成由 ch2 标记的一个字符与一字符子串 w，因此 M-W 这“回文”取决于：(1) m-w 是回文；(2) ch1=ch2。即将原问题递推到 m-w 的解。递归终止条件是 M 与 W（或 m 与 w）长度为 0。最终，若 m-w 是回文且 ch1=ch2，则 M-W 是回文；否则 M-W 不是回文。

课堂练习

一、选择题

递归函数 $f(n)=f(n-1)+n(n>1)$ 的递归出口是（　　）。

A．$f(1)=0$　　B．$f(1)=1$　　C．$f(0)=1$　　D．$f(n)=n$

二、填空题

1．将 $f=1+1/2+1/3+\cdots+1/n$ 转化成递归函数，其递归出口是＿＿＿＿＿＿＿。

2．设 a 是含有 n 个分量的整数数组，写出求该数组中最大整数的递归定义 ____________，写出求该数组中最小整数的递归定义 ____________。

三、编程计算

1．求 $1+2+3+\cdots+n$ 的值。

2．求 $1*2*3*\cdots*n$ 的值。

用递归算法解决的其他典型问题

能够用递归算法解决的典型问题很多，在正文中我们已经列举了两个例子，即求 n！和求最大公约数。下面再给出两个例子：快速排序和斐波那契数列。

一、快速排序

快速排序的思想是：先从数据序列中选一个元素，并将序列中所有比该元素小的元素都放到它的右边或左边，再对左右两边分别用同样的方法处理直到每一个待处理的序列的长度为 1，处理结束。

快速排序程序：

```
import random
L = [2, 3, 8, 4, 9, 5, 6, 5, 6, 10, 17, 11, 2]
def qsort(L):
   if len(L)<2: return L
   pivot_element = random.choice(L)
   small = [i for i in L if i< pivot_element]
   medium = [i for i in L if i==pivot_element]
   large = [i for i in L if i> pivot_element]
   return qsort(small) + medium + qsort(large)
print(qsort(L))
```

二、斐波那契数列

斐波那契数列，又称黄金分割数列，指的是这样一个数列：1，1，2，3，5，8，13，21，…

这个数列从第三项开始，每一项都等于前两项之和。

有趣的兔子问题如下：

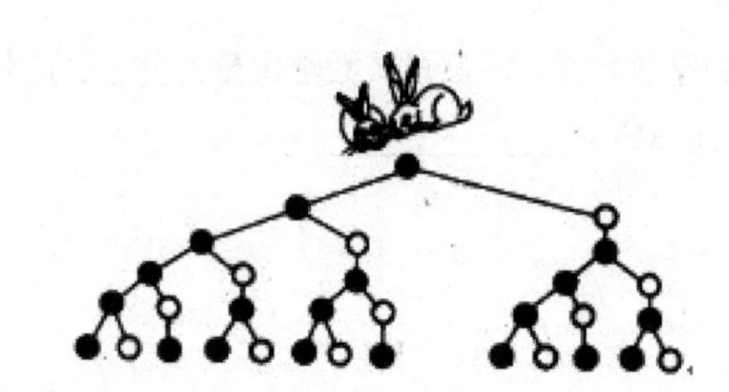

一般而言，兔子在出生两个月后，就具有繁殖能力了，一对兔子每个月能生出一对小兔子来。如果所有兔子都不死，那么一年以后可以繁殖多少对兔子？

分析如下：

第一个月小兔子没有繁殖能力，所以还是一对；

两个月后，生下一对小兔子，总数共有两对；

三个月以后，老兔子又生下一对，因为小兔子还没有繁殖能力，总数共是三对；

……

依次类推可以列出下表：

经过月数	0	1	2	3	4	5	6	7	8	9	10	11	12
幼仔对数	1	0	1	1	2	3	5	8	13	21	34	55	89
成兔对数	0	1	1	2	3	5	8	13	21	34	55	89	144
总体对数	1	1	2	3	5	8	13	21	34	55	89	144	233

求第 n 年的兔子有多少，可以用计算机编写如下程序。

```
def fib(n):
    if n=0: return 0
    if n=1:return 1
    if n>1:return fib(n-1)+fib(n-2)
print(fib(n))
```

第4章 Python数据分析

- 数据的定义，Pandas 的两种主要数据结构
- 创建和导入 CSV 格式的数据，创建和导入 Excel 文件，删除数据中多余的行或列
- 数据可视化：绘制折线图，绘制散点图，在图中添加文字，绘制直方图
- 网络爬虫的定义，通过 URL 抓取网页内容，从抓取内容中筛选所需内容
- 数据挖掘的背景、步骤、基本技术以及案例

4.1 数据分析基础

学习重点

1. 数据的定义
2. Pandas 的两种主要数据结构

“数据”(Data)是指对客观事物进行观察记录并得到可以鉴别的结果，是对客观事物的归纳总结，它是信息的一种表现形式和载体，可以是语音、符号、文字、数字、图像、视频。在计算机科学中，数据的定义是指所有能输入到计算机并被计算机程序处理的符号介质的总称，是用于输入电子计算机并进行处理，具有一定意义的数字、字母、符号和模拟量等的通称。数据经过加工后就成为信息。

在 Python 中，若要对数据进行分析处理，就有必要用到数据分析库 Pandas。由于 Pandas 属于第三方扩展库，因此需要用 pip 在命令提示符环境下联网下载安装。Pandas 含有使数据分析工作变得更加快捷的高级数据结构和操作工具。它是基于 Numpy 构建的，让以 Numpy 为中心的应用变得更为简单方便。引入 Pandas 时约定用 pd 代替 Pandas。要使用 Pandas，首先得熟悉它的两个主要数据结构：Series 和 DataFrame。

4.1.1 简单 Series

Series 由一组数据以及一组与之相关的数据标签组成。仅由一组数据也可以构建最简单的 Series。

例 4-1：

```
>>>import numpy as np
>>>import pandas as pd
>>>s1 = pd.Series([1,3,5,7,9])
>>>s1
0    1
1    3
2    5
3    7
4    9
dtype: int64
>>> s1.index
RangeIndex(start=0, stop=5, step=1)
>>> s1.values
```

```
array([1, 3, 5, 7, 9], dtype=int64)
```

Series 的字符串表现形式为：在左侧一列的是索引（index），相当于书本的目录，用来快速找到对应内容；在右侧一列的是值（values），因为例 4-1 中导入的数列是整型（int64），所构建的 Series 的值也是整型。例 4-1 中并没有给数据指定 index，于是会自动生成一个从 0 到 N-1（N 为数据长度）的默认整数序列来作为这个 Series 的 index。可以通过 Series 的 index 和 values 分别获取其 Series 的表现形式和索引对象。

4.1.2 索引 Series

常用的 Series 一般带有一个可以对各个数据进行标记的索引。可以通过程序对 Series 的 index 命名。

例 4-2：

```
>>>s2 = pd.Series(
[1,2,3,4,5,6],
index=['a','b','c','d','e','f'])
>>>s2
a    1
b    2
c    3
d    4
e    5
f    6
dtype: int64
>>>s2[1]
2
>>>s2['a']
1
>>>s2[['c','a','e']]
c    3
a    1
e    5
dtype: int64
```

从以上程序可知 index 的长度必须要和 values 的长度一致。可以通过 index 的字符或者对应默认整数对单个值进行检索。检索多个值时必须使用 index 的字符。

4.1.3 字典构建 Series

如果数据是以 Python 字典的形式储存起来，那么可以直接通过这个字典来创建 Series。

例 4-3：

```
>>>s3data = {'class1':36,'class2':50,'class3':42,'class4':47}
>>>s3 = pd.Series(s3data)
```

```
>>>s3
class1    36
class2    50
class3    42
class4    47
dtype: int64
```

例 4-4：

```
>>>classes = ('class3','class1','class2','class5')
>>>s4 = pd.Series(s3data,index=classes)
>>>s4
class3    42.0
class1    36.0
class2    50.0
class5     NaN
dtype: float64
```

由例 4-3 和例 4-4 程序可知 Pandas 不但可以通过字典获取 index，还可以通过字典作为 values，列表作为 index 的方式构建 Series，并且字典中跟列表索引不匹配的值用 NaN 表示。NaN，即缺省值，是指一个属性、参数在被修改前表示的初始值。当有缺省值出现的时候，values 的类型也不再是整数型，而是浮点型（float64），即带有小数点的实数。

4.1.4 Series 的运算

NumPy 的 Series 运算都会保留 index 和 values 之间的关系。

例 4-5：

```
>>> s5 = s3+s4
>>> s5
class1     72.0
class2    100.0
class3     84.0
class4      NaN
class5      NaN
dtype: float64
```

由例 4-5 程序可知 Series 在运算过程中会自动对齐不同 Series 的数据，并且缺省值 NaN 运算后依然是 NaN。

4.1.5 Series 的 name

Series 对象本身及其索引都有一个名字属性 name，相当于给当前的 values 所在列进行命名。该属性和 Pandas 其他功能关系十分密切。

例 4-6：

```
>>> s6 = s4
>>> s6.name = 'score'
>>> s6
class3    42.0
class1    36.0
class2    50.0
class5    NaN
Name: score, dtype: float64
```

在例 4-6 程序中，用 name 函数给 Series 命名为 score。name 属性的具体作用将在后面的 DataFrame 中提到。

4.1.6 一般字典构建 DataFrame

DataFrame 是一种表格型的数据结构，它包含一组有序的列，每列可以是不同的值类型。DataFrame 同时有行索引和列索引。一种常用的 DataFrame 构建方法是直接传入一个由等长列表或 NumPy 的 Series 组成的字典。

例 4-7：

```
>>>data = {'grade':['Grade1','Grade1','Grade1','Grade2','Grade2'],
'class':['Class1','Class2','Class3','Class1','Class2'],
'member':[43,45,44,46,47]}
>>> s7 = pd.DataFrame(data)
>>> s7
    class   grade  member
0  Class1  Grade1      43
1  Class2  Grade1      45
2  Class3  Grade1      44
3  Class1  Grade2      46
4  Class2  Grade2      47
```

从例 4-7 程序可知，DataFrame 的列索引并不是按照字典顺序生成的，而是按照字符首字母顺序自动排列的。因此如果需要令 DataFrame 的列按照指定顺序进行排列，那么就需要用 columns 来指定列索引的序列。

例 4-8：

```
>>>s8 = pd.DataFrame(
data,
columns=['grade','class','member','score'],
index=['a', 'b', 'c', 'd', 'e'])
>>> s8
    grade   class  member   score
a  Grade1  Class1      43    NaN
b  Grade1  Class2      45    NaN
c  Grade1  Class3      44    NaN
```

```
d  Grade2  Class1      46    NaN
e  Grade2  Class2      47    NaN
>>> s8['score'] = (80,83,84,81,82)
>>> s8.score
a    80
b    83
c    84
d    81
e    82
Name: score, dtype: int64
```

从例 4-8 程序可以发现，如果 columns 传入了字典中不存在的列将会生成缺省值。在 Pandas 里可以直接给 DataFrame 对应的列赋予列表来替代缺省值，并且也可以通过类似字典标记的方式将 DataFrame 的一列获取为一个 Series，同时也相对应地生成了 name 属性。

DataFrame 中同一行的数据可以通过索引字段 ix 进行获取。

例 4-9：

```
>>> s9 = s8.ix['d']
>>> s9
grade       Grade2
class        Class1
member        46
score           81
Name: d, dtype: object
```

例 4-9 程序通过 ix 函数将索引 d 所在的一行提取出来生成了一个 Series，并命名为 d，数据类型 object 表明包含多种数据类型。

4.1.7 嵌套字典构建 DataFrame

将嵌套字典直接传入 DataFrame，外层字典的键将作为列，内层字典的键将作为行索引。

例 4-10：

```
>>> score = {'A':{'Chinese':97,'Math':94,'Physics':92},
'B':{'Chinese':91,'Math':90,'Geography':95}}
>>> s10 = pd.DataFrame(score)
>>> s10
                 A         B
Chinese        97.0      91.0
Geography       NaN     95.0
Math          94.0      90.0
Physics        92.0       NaN
```

上机实践

1．打开 Python3.6 IDLE 程序，尝试分别用 Series 和 DataFrame 构建下表中学生 A 和 B 的成绩单。

	A	B
Chinese	93.0	95.0
Math	91.0	92.0
Physics	92.0	85.0

2．在以上成绩单中添加一列名为 average 的数据，表示 A、B 两个学生的平均值。编写程序来计算平均值。

课堂练习

一、选择题

1．下列有关 Series 说法错误的是（　　）。

A．Series 中 index 和 values 长度必须一致

B．Series 中必须指定 index

C．两个 index 不同的 Series 可以相加

D．Series 经过计算后的 index 顺序和计算前不一定一致

2．下列有关 DataFrame 说法正确的是（　　）。

A．DataFrame 中所有值的类型必须 致

B．columns 可以添加之前不存在的列索引

C．用 ix 可以获取 DataFrame 中一列数据

D．使用嵌套字典构建 DataFrame，外层词典的键作为行，内层词典的键作为列

二、思考题

1．以例 4-8 的 DataFrame 为例，如何提取出 Garade2 Class1 的分数？

2．假设例 4-8 中 s8 的数据是一年前的，如何更新年级数据？

阅读材料

"大数据"时代下数据分析

在我国，数据分析随着大数据概念的普及而广受重视，越来越多的人意识到数据分析对经济发展的重要意义，尤其是随着2008年4月我国数据分析行业协会——中国商业联合会数据分析专业委员会的正式成立，更加标志着我国数据分析行业在经济发展中的地位已经得到充分的认可，数据分析行业也因此走向更加规范的发展轨道。近年来，互联网速度提升，移动互联网更新换代，硬件技术不断发展，数据采集技术、存储技术、处理技术得到长足的发展，更使我们不断加深了对数据分析的需求。从2012年开始，"大数据"一词越来越多地被提及，也从一个侧面反映出大数据时代已然来临，数据分析行业迈入了一个全新的阶段。那么究竟"大数据"的含义是什么，未来我国数据分析行业又将如何发展，我国数据分析人才的培养和专业数据分析机构的发展现状怎样呢？

一、"大数据"时代下数据分析意义非凡

2012年以来，"大数据"一词越来越多地被提及，"大数据"成为时下最热的行业词汇。数据仓库、数据安全、数据分析、数据挖掘等围绕大数据商业价值的利用也逐渐成为行业人士争相追捧的利润焦点。大数据技术的战略意义不在于掌握庞大的数据信息，而在于对这些有意义的数据进行专业化处理。大数据时代的来临将对我们的现实生活、企业的运营管理模式提出新的挑战，也带来新的市场机会。换言之，如果把大数据比作一种产业，那么这种产业实现盈利的关键，在于提高对数据的"分析能力"，通过"分析"实现数据的"增值"。可以说数据分析是决策过程中的决定性因素，也是大数据时代发挥数据价值的最关键环节。因此我们看到的现实状况是目前我国越来越多的企业对数据分析需求的大幅上升，需要借助数据分析专业服务机构的服务和引进专业的数据分析师人员，快速挖掘数据背后的潜在价值，为其经营管理决策、投资决策提供科学和理性的依据。

二、数据分析业在我国将大有可为

与我国数据分析事业开展十年的历史不同，数据分析业在欧美等发达国家已经发展得十分成熟，并早已广泛应用于各个领域，很多国家成立了相应的行业组织或管理机构，拥有专业的数据分析人员和机构。反观我国，虽然有中国商业联合会数据分析专业委员会等相关的政府、协会的不断努力，数据分析行业在十年的发展中亦取得了一些成就，但仍然有极大的空间和领域需要数据分析行业去不断拓展，数据分析也将越来越多地应用于国民经济的各个领域。以零售、电子商务、大众消费品、通信、金融服务等行业领域为例，这些领域是目前数据分析应用相对较为成熟的领域。用户可通过对消费者兴趣、需求、购买动机，以及对品牌的情感和忠诚

度等的数据分析，来制定服务和营销的智能决策；通过对通信、金融活动记录的数据分析，来科学地拓展业务和更好地服务客户。随着人们对数据分析价值认识的不断提高以及各种新技术的不断出现，数据分析将逐步在企业或政府单位、医疗保健领域、智慧城市领域和社会管理等领域内发挥自己的积极作用。

社会经济发展的基本单元是企业，随着信息技术的发展和推广应用，大数据实际上已经成为每一个行业的首要反映，并始终影响着企业核心的业务流程。以一组数字为例：EMC 近日发布了对中国 IT 决策者进行的一份市场调查，调查的人员由来自中国企业的 796 位业务人员和 IT 管理人员及高管、技术架构师等组成。调查显示，在中国，各种数据分析技术正在显著改善决策质量，并对企业增强差异化竞争力和规避风险的能力产生了重要影响。参与调查的企业中有 84% 表示，充分利用大数据有助于提高决策质量。75% 参与调查的 IT 决策者相信，大数据将成为决定行业竞争成败的关键因素。63% 的企业因采用大数据分析技术而获得了竞争优势。75% 的决策者认为，成功将属于采用大数据工具的行业。平均而言，中国企业已经采用或计划采用一到两种大数据技术。

因此，我们可以总结出这样的结论：数据分析行业将逐步渗透到社会生活和经济生产的各个方面，并将极大地促进社会的发展，提升人民的生活质量。

三、我国数据分析人才培养已时不我待

任何一个行业的发展都离不开专业人才的培养，作为数据分析行业的重要组成部分，项目数据分析师在社会经济运行中具有重要地位，属于高端技术人才。一般而言，数据分析质量的高低反映着一个国家经济管理领域的发达程度，而数据分析人才的数量和质量又决定着数据分析的质量。我国数据分析行业人才从无到有的过程离不开中国商业联合会数据分析专业委员会一直以来的努力。到目前为止，由中国商业联合会数据分析专业委员会培养出的项目数据分析师人才已有 1 万多名，他们分布在社会生活的各个领域，所开展的数据分析工作已经涉足到了社会管理和企业经营过程的方方面面。培养具备专业性、高素质的项目数据分析人才一直是数据分析委的重要职能。随着越来越多的企业认识到数据分析的重要性，对数据分析人才的需要近两年也呈现快速增长的态势，然而由于数据分析师需要具备多方面的素质，符合企业招聘条件的人才严重不足，供需矛盾明显，专业数据分析人才的培养显得尤为迫切，这也为有志在数据分析行业谋求发展的个人提供了非常好的机遇。未来的数据分析师将是“专业”的代名词。在这个趋势下，数据分析行业从业者，无论是在专业的服务机构，还是在企业中从业的个人，都需要强化自己的学习能力，快速提升自己的专业水平，跟上这个行业的发展速度。

（节选自企业网 D1net）

4.2 数据导入

学习重点

1. 创建和导入csv格式的数据
2. 创建和导入Excel文件
3. 删除数据中多余的行或列

对于程序来说，程序运行时所有的数据都只能储存在内存里，当程序结束后，或者电脑掉电时，内存中的数据就会消失。当下一次打开程序时，只能重新计算。然而，在我们编写的许多程序中，数据需要在每次运行时都能够调用以前的数据。比如在我们平常玩的闯关游戏中，每次结束游戏后都想保存进度，等下一次玩的时候能够接着闯关，那么闯关的数据也需要储存起来，如果没有储存，那每次都只能重新从第一关开始玩，这样的游戏怕是没有人喜欢的。

提到了存储，我们就要说到导入，存储和导入是一个相逆的过程，既然数据要存储起来，那么就必须能够在需要的时候导入，本节主要介绍两种文件格式数据的导入，以展示在Python中如何运用Pandas导入需要的数据。

4.2.1 导出与导入csv格式的数据

csv文件是一种特殊格式的纯文本文件，是一组字符序列，字符之间用英文的逗号或制表符分隔。Pandas有专门的函数可以创建该格式数据。

例4-11：

```
>>> import numpy as np
>>> import pandas as pd
>>>data={'grade':['Grade1','Grade1','Grade1','Grade2','Grade2'],
'class':['Class1','Class2','Class3','Class1','Class2'],
'member':[43,45,44,46,47],
'score':[90,94,97,92,95]}
>>> s1=pd.DataFrame(data)
>>> s1
    class   grade  member  score
0  Class1  Grade1      43     90
1  Class2  Grade1      45     94
2  Class3  Grade1      44     97
3  Class1  Grade2      46     92
4  Class2  Grade2      47     95
```

```
>>> s1.to_csv('MYCSV.csv')
```

由程序例 4-11 可知，s1 为 DataFrame 格式数据，被导出为名为 MYCSV 的 csv 文件。在 Python 目录 ...\ Python\Python35 下，可以找到这个文件。

接下来试着用 Python 将这个 csv 文件导入进来。

例 4-12：

```
>>> s2=pd.read_csv('MYCSV.csv')
>>> s2
   Unnamed: 0   class   grade  member  score
0           0  Class1  Grade1      43     90
1           1  Class2  Grade1      45     94
2           2  Class3  Grade1      44     97
3           3  Class1  Grade2      46     92
4           4  Class2  Grade2      47     95
```

注意，导入 csv 文件的时候默认是 Python35 文件夹的根目录下，需要调用这个目录下的文件夹内容时需要在文件名前加上文件夹名。例如，调用名为"class"的文件夹中的 csv 文件时，就需要写作"class*.csv"。

4.2.2 导出与导入 Excel 文件

Excel 是 Microsoft 的一种表格文件，是一种十分常见的表格类型。可以运用 Python 轻松地导入、导出 Excel 文件。

例 4-13：

```
>>> import numpy as np
>>> import pandas as pd
>>>data={'grade':['Grade1','Grade1','Grade1','Grade2','Grade2'],
'class':['Class1','Class2','Class3','Class1','Class2'],
'member':[43,45,44,46,47],
'score':[90,94,97,92,95]}
>>> s3=pd.DataFrame(data)
>>> s3
    class   grade  member  score
0  Class1  Grade1      43     90
1  Class2  Grade1      45     94
2  Class3  Grade1      44     97
3  Class1  Grade2      46     92
4  Class2  Grade2      47     95
>>>s3.to_excel('MYEXCEL.xlsx',sheet_name='Sheet1')
```

从程序例 4-13 可以知道，Excel 文件的创建与 csv 文件的读写类似，但是一个 Excel 文件可以包含多个 sheet，因此需要给导出的表格命名。

例 4-14：

```
>>> s4=pd.read_excel('MYEXCEL.xlsx', 'Sheet1')
>>> 4
    class   grade  member  score
0  Class1  Grade1      43     90
1  Class2  Grade1      45     94
2  Class3  Grade1      44     97
3  Class1  Grade2      46     92
4  Class2  Grade2      47     95
```

从程序例 4-14 可知，导入 Excel 文件时需要标明所需表格的 sheet 名。

4.2.3 删除多余数据

在导入数据的过程中，有时会存在一些不需要的数据，这种情况下就需要删除行或列。

导入 csv 文件时会出现一列“Unnamed: 0”，这是无用的数据，如例 4-12，那么就需要用 drop 函数来删除。

例 4-15：

```
>>> s5 = s2.drop('Unnamed: 0',axis=1)
>>> s5
    class   grade  member  score
0  Class1  Grade1      43     90
1  Class2  Grade1      45     94
2  Class3  Grade1      44     97
3  Class1  Grade2      46     92
4  Class2  Grade2      47     95
```

从程序例 4-15 可知，用 drop 删除数据时需要标明轴向 axis，axis 为 1 表明是列。如果要用 drop 删除行向数据，可以标明 axis 为 0，也可以不写。假设要删除例 4-15 中 Class3 Grade1 的数据，如例 4-16 所示。

例 4-16：

```
>>> s5.drop(2,axis = 0)
    class   grade  member  score
0  Class1  Grade1      43     90
1  Class2  Grade1      45     94
3  Class1  Grade2      46     92
4  Class2  Grade2      47     95
>>> s6.drop(2)
>>>s6
    class   grade  member  score
0  Class1  Grade1      43     90
1  Class2  Grade1      45     94
3  Class1  Grade2      46     92
4  Class2  Grade2      47     95
```

上机实践

1．打开 Python3.6IDLE 程序，尝试将如下 A、B 两位同学的成绩导出为 cvs 文件，然后再次导入 Python。

	A	B
Chinese	93.0	95.0
Math	91.0	92.0
Physics	92.0	85.0

2．打开 Python3.6IDLE 程序，尝试将实践 1 中 A、B 两位同学的成绩导出为 Excel 文件，并用 Excel 求出平均值，然后再次导入 Python。

课堂练习

一、选择题

1．下列有关数据导入说法错误的是（　　）。

A．csv 文件可以导入，变为 DataFrame 格式

B．一个 Excel 文件可以有多个 sheet

C．文件导入的数据能够参与计算

D．csv 文件与 Excel 文件导入方式一模一样

2．下列有关数据导入说法正确的是（　　）。

A．csv 文件不是纯文本文件

B．csv 文件每行用回车键隔开

C．csv 文件导入后在导出时会多一列无用的数据

D．Excel 文件是一种少用的文本文件

二、思考题

1．以上机实践第 1 题为例，如何用 Python 求出两个同学的平均分，然后导入 Excel 中？

2．如何将文件里的数据导入后变为 serial 呢？

Excel的发展历程

时间	Excel 的发展
1982 年	Excel 的前身 Multiplan 诞生
1985 年	第一款 Excel 诞生，只适用于 Mac 系统，中文译名为“超越”
1987 年	第一款适用于 Windows 系统的 Excel 产生
1993 年	Excel 第一次被捆绑进 Microsoft Office 中
1995 年	Excel 1995，能满足使用者的各种需求
1997 年	Excel 1997，与 Word 界面相似
2001 年	能快速创建、分析和共享重要的数据，简化了部分功能的使用
2003 年	功能强大，能连接到业务程序中
2007 年	Excel 2007，改善部分功能，使操作更加人性化
2010 年	首次引入功能区，具有强大的运算与分析能力
2013 年	Excel 2013，展示数据更直观
2016 年	Excel 2016

详情请见附录 3。

4.3 数据可视化

1. 绘制折线图
2. 绘制散点图
3. 在图中添加需要的文字
4. 绘制直方图

我们现在身处于一个大数据的时代，我们可以得到许多许多的数据，但是一个个的数字很难让人在其中找到有用的信息和规律。数据的可视化可以帮助我们将数据变为一个个可以用视觉直接感受的图表，通过图表的形式，数据变得直观和整齐。本节我们学习数据可视化。

matplotlib 是一个 Python 的 2D 绘图扩展库，它提供了一整套与 Excel 相似的图表，十分适合进行交互式制图。由于 matplotlib 属于第三方扩展库，因此需要用 pip 在命令提示符环境下联网下载安装。pylab 是 matplotlib 的一个子库，非常适合进行交互式绘图。

4.3.1 绘制折线图

plot(x,y) 是 pylab 子库中基本的画图函数，利用 plot(x,y) 函数可以绘制折线图。

例 4-17：

4_3_1.py:

```
import numpy as np
import pylab as pl
x=[1,2,3,4,5]
y=[1,4,9,16,25]
pl.plot(x,y)
pl.show()
```

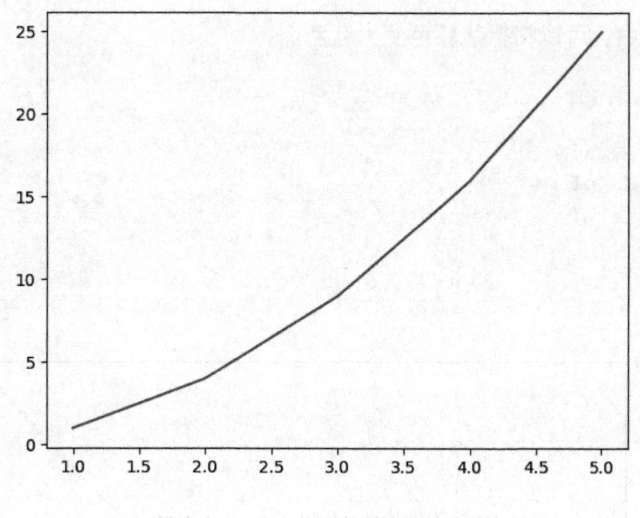

图 4-1 plot(x,y) 函数绘制的折线图

由程序 4_3_1.py 可知，plot() 函数输入（x,y）坐标后，可以将对应坐标绘制在图上，然后通过函数 show()，将图形展现出来。plot() 函数多增加一个参数‘--’后，可以将折线图的实线变为虚线。

4_3_2.py:

```
import numpy as np
import pylab as pl
x=[1,2,3,4,5]
y=[1,4,9,16,25]
pl.plot(x,y,'--')
pl.show()
```

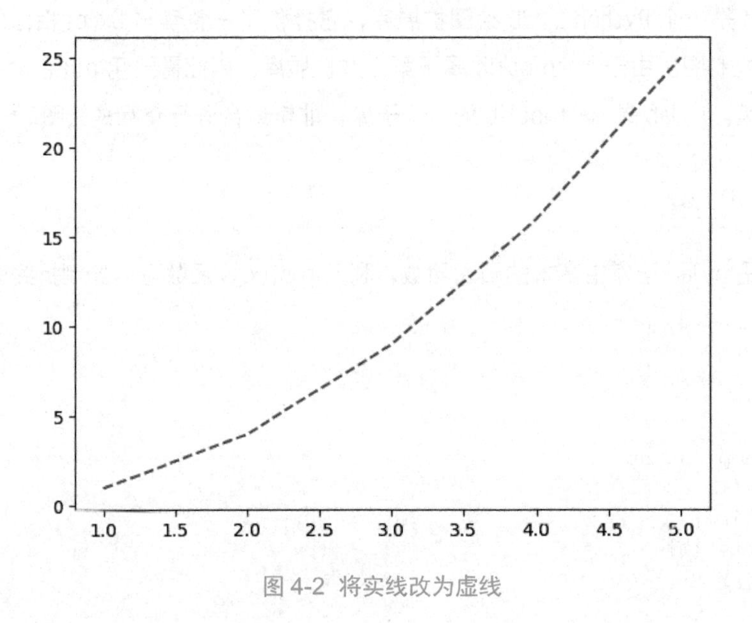

图 4-2 将实线改为虚线

增加参数‘r’后，可以将折线颜色变为红色。

4_3_3.py:

```
import numpy as np
import pylab as pl
x=[1,2,3,4,5]
y=[1,4,9,16,25]
pl.plot(x,y,'r')
pl.show()
```

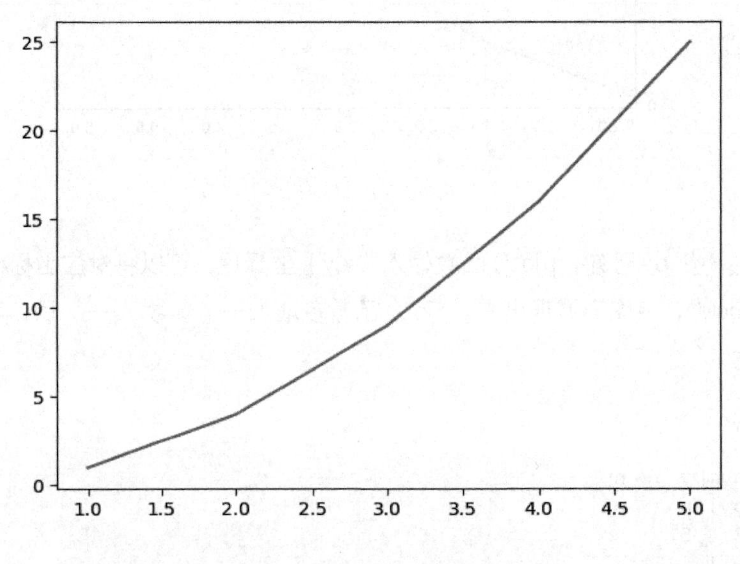

图 4-3 将折线设为红色

也可以同时输入两个参数‘--r’，绘制红虚线。

4_3_4.py:

```
import numpy as np
import pylab as pl
x=[1,2,3,4,5]
y=[1,4,9,16,25]
pl.plot(x,y,'--r')
pl.show()
```

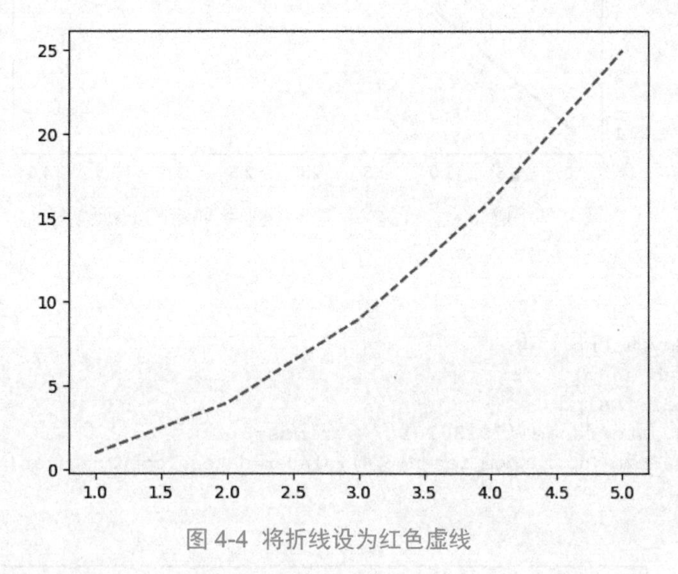

图 4-4 将折线设为红色虚线

在 4.1 节中，我们介绍了 Series 和 DataFrame 字典结构，这两种结构也可以用 plot(x,y) 函数绘制图形。

例 4-18：

4_3_5.py:

```
import numpy as np
import pylab as pl
import pandas as pd
s=pd.Series([1,3,5,6,8])
pl.plot(s)
pl.show()
```

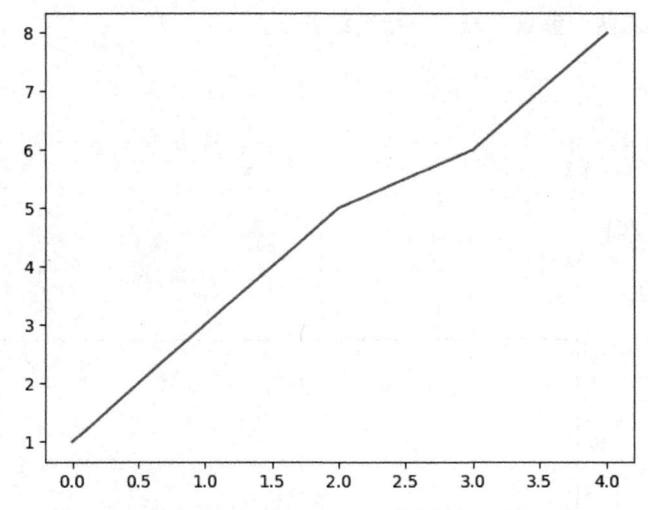

图 4-5 用 plot(x,y) 函数绘制 Series 字典结构的折线图

4_3_6.py:

```
import numpy as np
import pylab as pl
import pandas as pd
dates = pd.date_range('20130101', periods=6)
df = pd.DataFrame(np.random.randn(6,4), index=dates, column= list('ABCD'))
pl.plot(df)
pl.show()
```

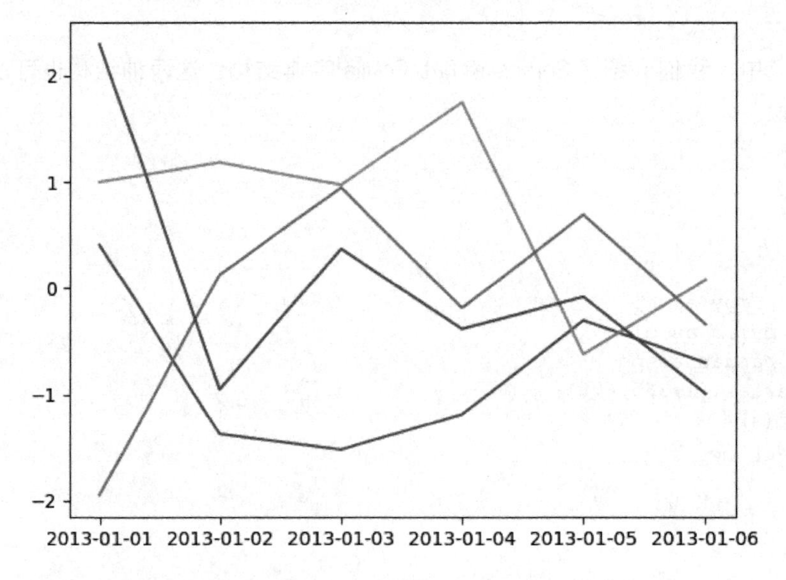

图 4-6 用 plot(x,y) 函数绘制 DataFrame 字典结构的折线图

由程序 4_3_5.py 和 4_3_6.py 可以知道，字典结构 Series 和 DataFrame 能够直接通过 plot() 函数绘制折线图。

4.3.2 绘制散点图

散点图与折线图类似，可以用 plot() 函数绘制。

例 4-19：

4_3_7.py:

```
import numpy as np
import pylab as pl
x=[1,2,3,4,5]
y=[1,4,9,16,25]
pl.plot(x,y,'o')
pl.show()
```

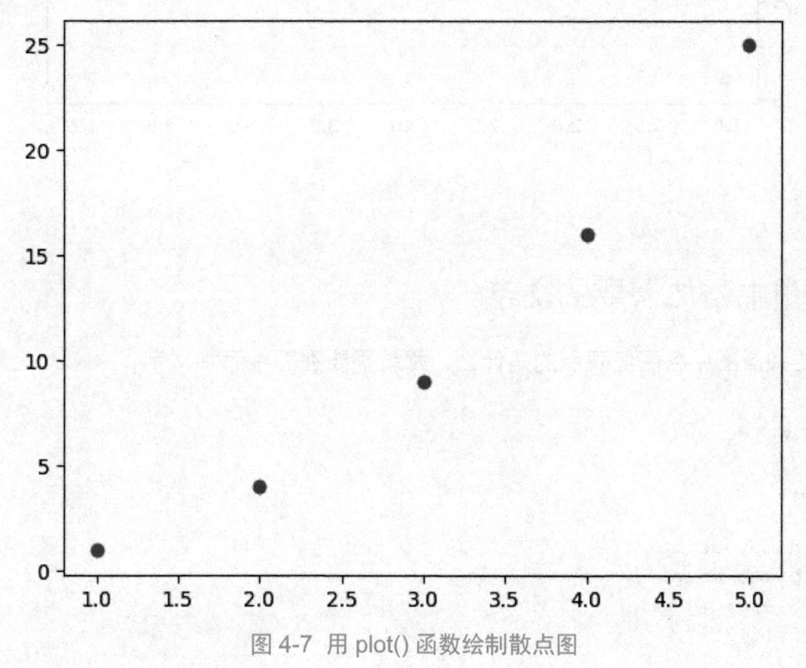

图 4-7 用 plot() 函数绘制散点图

在 plot() 函数后增加一个参数‘o’，就能够将折线图变为散点图。也可以在后面增加参数‘or’，能够让散点图变为红色。

4_3_8.py：

```
import numpy as np
import pylab as pl
x=[1,2,3,4,5]
y=[1,4,9,16,25]
pl.plot(x,y,'or')
pl.show()
```

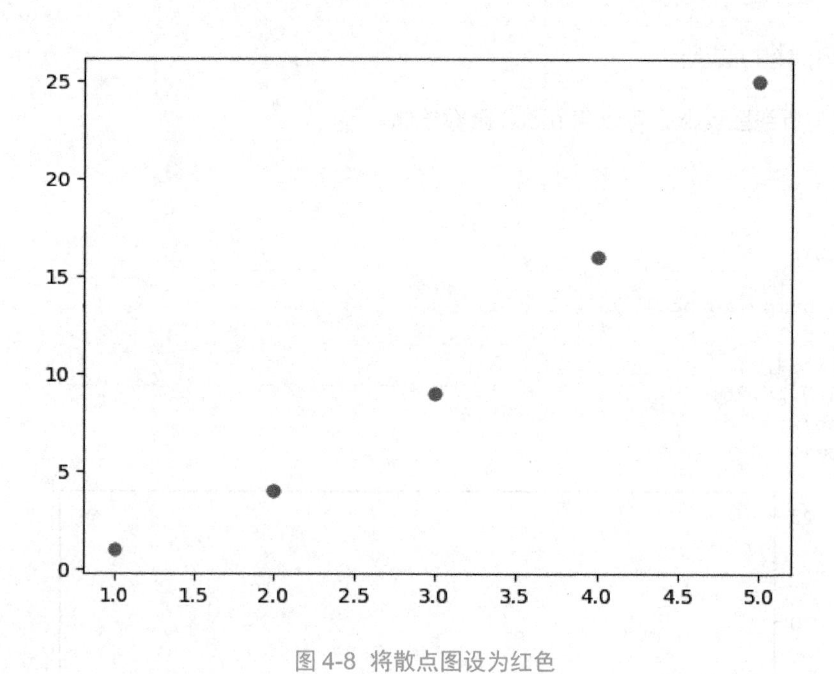

图 4-8 将散点图设为红色

4.3.3 在图中添加需要的文字

有时需要知道图中各图像表示的是什么，那就需要在图中添加文字。

例 4-20：

4_3_9.py:

```
import numpy as np
import pylab as pl
x=[1,2,3,4,5]
y=[1,4,9,16,25]
z=[2,4,6,8,10]
plot1=pl.plot(x,y,'or',label='y')
plot2=pl.plot(x,z,'og',label='z')
pl.legend()
pl.title('y vs z')
pl.xlabel('x axis')
pl.ylabel('y axis')
pl.show()
```

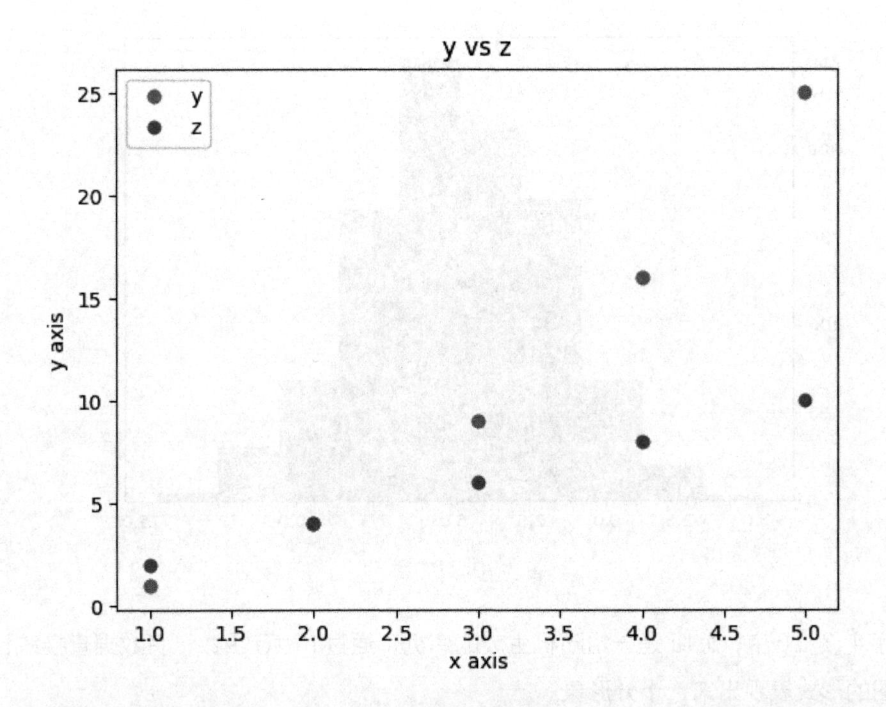

图 4-9 在散点图中添加说明文字

由程序 4_3_9.py 可以知道，plot() 函数加了参数 label 后，可以用 legend() 在左上角添加图例，title() 函数可以添加标题文字说明，xlabel() 可以添加横坐标文字说明，ylabel() 可以添加纵坐标文字说明。

4.3.4 绘制直方图

直方图对于数据统计来说，是一种十分直观的方式。直方图可以用 Python 绘制。

例 4-21：

4_3_10:

```
import numpy as np
import pylab as pl
data =np.random.normal(5.0,3.0,1000)
pl.hist(data)
pl.show()
```

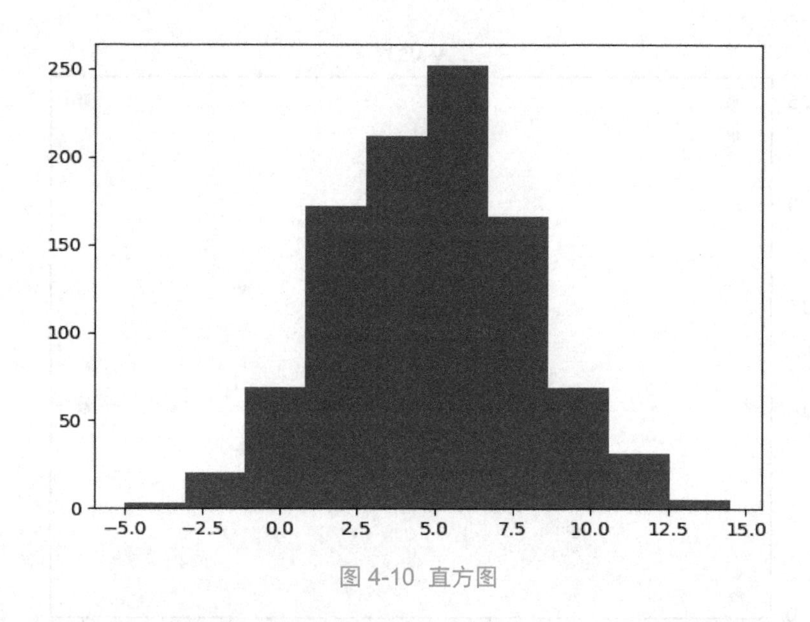

图 4-10 直方图

在程序 4_3_10 中，data 是一组随机生成的序列，通过 hist() 函数，将数据直接统计，并且用直方图的形式表现出来，十分形象。

上机实践

1. 以下是某位同学六次考试的三门成绩，请将他的成绩用 Python 分别做成折线图和散点图，看看哪种效果更好。

	1	2	3	4	5	6
Chinese	93.0	95.0	90.0	93.5	91.0	80.0
Math	91.0	92.0	85.5	90.5	99.0	90.0
Physics	92.0	85.0	95.5	91.5	88.0	94.0

2. 将以上同学的成绩再做成直方图和折线图，最后进行比较，看看有什么区别。

课堂练习

一、选择题

1. 下列有关数据可视化说法错误的是（　　）。

　A. 散点图和折线图是用同一个函数制作出来的

　B. 直方图是不能够添加文字的

C．折线图可以设置不同的颜色

D．直方图和折线图用的是不同的函数

2．下列函数中绘制折线图的是（ ）

A．plot(x,y)　　　　B．hist(x)

C．plot(x,y, ‘o’)　　　　D．plot(x,y, ‘og’)

二、思考题

能否将班上同学的性别、身高情况都用 Python 做成图形，表现出来呢？

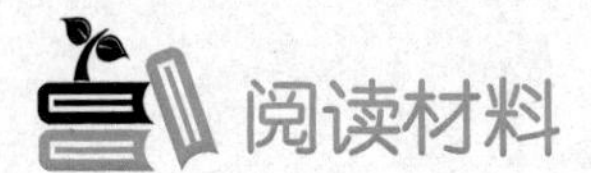

各种图表的作用

除了柱状图、条形图、折线图、饼状图等常用图表之外，还有数据地图、瀑布图和散点图、旭日图、漏斗图等等。下面一起来了解下不同图表的使用场景和优劣势！

1．柱状图

适用场景：二维数据集（每个数据点包括两个值，即 x 和 y），但只有一个维度需要比较，用于显示一段时间内的数据变化或显示各项之间的比较情况。

优势：柱状图利用柱子的高度，反映数据的差异，肉眼对高度差异很敏感。

劣势：柱状图的局限在于只适用于中小规模的数据集。

延伸图表：堆积柱状图、百分比堆积柱状图。

不仅可以直观地看出每个系列的值，还能够反映出系列的总和，尤其是当需要看某一单位的综合以及各系列值的比重时最适合。

2．条形图

适用场景：显示各个项目之间的比较情况，和柱状图作用类似。

优势：每个条都清晰表示数据，直观。

延伸图表：堆积条形图、百分比堆积条形图。

3．折线图

适用场景：二维的大数据集，还适合多个二维数据集的比较。

优势：容易反映出数据的变化趋势。

4. 各种数据地图（一共有6种类型）

适用场景：有空间位置的数据集。

优劣势：特殊状况下使用，涉及行政区域：

（1）行政地图（面积图）；
（2）行政地图（气泡图）；
（3）地图图表（根据经纬度，可做区域、全国甚至全球地图）：点状图；
（4）地图图表：热力图；
（5）地图图表：散点图；
（6）地图图表：地图＋柱状/饼图/条形。

5. 饼图（环图）

适用场景：显示各项的大小与各项总和的比例。适合制作简单的比例图，适用于数据精确度不高的情况。

优势：明确显示数据的比例情况，尤其适合渠道来源等场景。

劣势：肉眼对面积大小不敏感。

6. 雷达图

适用场景：多维数据（四维以上），且每个维度必须可以排序，数据点一般6个左右，太多的话辨别起来有困难。

优势：主要用来了解公司各项数据指标的变动情形及其好坏趋向。

劣势：不容易理解。

7. 漏斗图

适用场景：业务流程较多的流程分析，显示各流程的转化率。

优势：在网站分析中，通常用于转化率比较，它不仅能展示用户从进入网站到实现购买的最终转化率，还可以展示每个步骤的转化率，能够直观地发现和说明问题所在。

劣势：单一漏斗图无法评价网站某个关键流程中各步骤转化率的好坏。

8. 词云

适用场景：显示词频，可以用来做一些用户画像、用户标签的工作。

优势：很酷炫、很直观的图表。

劣势：使用场景单一,一般用来做词频。

9. 散点图

适用场景：显示若干数据系列中各数值之间的关系，类似XY轴，判断两变量之间是否存在某种关联。散点图适用于三维数据集，但其中只有两维需要比较。

优势：对于处理值的分布和数据点的分簇，散点图都很理想。如果数据集中包含非常多的点，那么散点图便是最佳图表类型。

劣势：在点状图中显示多个序列看上去非常混乱。

延伸图表：气泡图（调整尺寸大小就成气泡图了）。

10. 面积图

适用场景：强调数量随时间而变化的程度，也可用于引起人们对总值趋势的注意。

延伸图表：堆积面积图、百分比堆积面积图还可以显示部分与整体之间（或者几个数据变量之间）的关系。

11. 指标卡

适用场景：显示某个数据结果与同环比数据。

优势：适用场景很多，可以很直观地告诉看图者数据的最终结果，一般是昨天、上周等，还可以查看不同时间维度的同环比情况。

劣势：只是单一的数据展示，最多有同环比，但是不能对比其他数据。

12. 计量图

适用场景：一般用来显示项目的完成进度。

优势：很直观地展示项目的进度情况，类似于进度条。

劣势：表达效果很明确，数据场景比较单一。

13. 瀑布图

适用场景：采用绝对值与相对值结合的方式，适用于表达某些特定数值之间的数量变化关系，最终展示一个累计值。

优势：展示两个数据点之间的演变过程，还可以展示数据是如何累计的。

劣势：没有柱状图、条形图的使用场景多。

14．桑基图

适用场景：一种特定类型的流程图，始末端的分支宽度总和相等，一个数据从始至终的流程很清晰，图中延伸分支的宽度对应数据流量的大小，通常应用于能源、材料成分、金融等数据的可视化分析。

15．旭日图

适用场景：旭日图可以清晰地表达层级和归属关系，以父子层次结构来显示数据构成情况。旭日图便于细分溯源、分析数据，真正了解数据的具体构成。

优势：分层看数据很直观，逐层下钻看数据。

16．双轴图

适用场景：柱状图＋折线图的结合，适用情况很多，数据走势、数据同比和环比等情况都能适用。

优势：特别通用，是柱状图＋折线图的结合，图表很直观。

4.4 Python网络爬虫

1. 网络爬虫的定义
2. 通过URL抓取网页内容
3. 从抓取内容中筛选所需内容

网络爬虫，即Web Spider（又被称为网页蜘蛛、网络机器人），是一种按照一定的规则，自动地抓取万维网信息的程序或者脚本。如果把互联网比喻成一个蜘蛛网，那么网络爬虫就是在网上爬来爬去的蜘蛛，通过网页的链接地址来寻找与之相关的网页。从网站某一个页面（通常是首页）开始，读取网页的内容，找到在网页中的其他链接地址，然后通过这些链接地址寻找下一个网页，这样一直循环下去，直到把这个网站所有的网页抓取完为止。如果整个互联网的网址都能互相关联，那么网络蜘蛛就可以用这个原理把互联网上所有的网页都抓取下来。

4.4.1 利用 urllib.request 抓取内容

所谓网页抓取，就是把网页的地址 URL(Uniform Resource Locator，统一资源定位符）中指定的网络资源从网络流中读取出来,保存到本地。相当于使用 Python 模拟网页浏览器的功能，把 URL 作为 HTTP（HyperText Transfer Protocol，超文本传输协议）请求的内容发送到服务器端，然后读取服务器端的响应资源。在 Python 中使用 urllib.request 这个组件来抓取网页内容。urllib.request 是 Python 的一个获取 URL 的组件，通过 urlopen 函数可以很方便地获取网页的源代码。下面将利用这个函数试着提取百度首页“http://www.baidu.com/”的源代码。

例 4-22：

```
>>>import urllib.request
>>>s1 = urllib.request.urlopen('http://www.baidu.com/')
>>>print(s1.read())
```

```
Python 3.6.0 Shell
File Edit Shell Debug Options Window Help
ing"==typeof bds.comm.personalData&&(bds.comm.personalData=eval("("+bds.comm.per
sonalData+")")),!bds.comm.personalData)return;for(tmpName in bds.comm.personalDa
ta)defaultOptions.hasOwnProperty(tmpName)&&bds.comm.personalData.hasOwnProperty(
tmpName)&&"SUCCESS"==bds.comm.personalData[tmpName].ErrMsg&&(options[tmpName]=bd
s.comm.personalData[tmpName].value)\n}try{parseInt(options.resultNum)||delete op
tions.resultNum,parseInt(options.resultLang)||"0"==options.resultLang||delete op
tions.resultLang}catch(e){}writeCookie(),"sugSet"in options||(options.sugSet=3!=
Cookie.get("sug",3)?0:1),"sugStoreSet"in options||(options.sugStoreSet=Cookie.ge
t("sugstore",0));var BAIDUID=Cookie.get("BAIDUID");"resultNum"in options||(optio
ns.resultNum=/NR=(\\d+)/.test(BAIDUID)&&RegExp.$1?parseInt(RegExp.$1):10),"resul
tLang"in options||(options.resultLang=/SL=(\\d+)/.test(BAIDUID)&&RegExp.$1?parse
Int(RegExp.$1):0),"isSwitch"in options||(options.isSwitch=2==Cookie.get("ORIGIN"
,0)?0:1==Cookie.get("ORIGIN",0)?2:1),"imeSwitch"in options||(options.imeSwitch=C
ookie.get("bdime",0))\n}catch(e){}window.UPS={writeBAIDUID:writeBAIDUID,reset:re
set,get:get,set:set,save:save}}(),function(){var e="http://s1.bdstatic.com/r/www
/cache/static/plugins/every_cookie_a70bc15.js";("Mac68K"==navigator.platform||"M
acPPC"==navigator.platform||"Macintosh"==navigator.platform||"MacIntel"==navigat
or.platform)&&(e="http://s1.bdstatic.com/r/www/cache/static/plugins/every_cookie
_mac_82990d4.js"),setTimeout(function(){$.ajax({url:e,cache:!0,dataType:"script"
})},0);var t=navigator&&navigator.userAgent?navigator.userAgent:"",o=document&&d
ocument.cookie?document.cookie:"",i=!!(t.match(/(msie [2-8])/i)||t.match(/window
s.*safari/i)&&!t.match(/chrome/i)||t.match(/(linux.*firefox)/i)||t.match(/Chrome
\\/29/i)||t.match(/mac os x.*firefox/i)||o.match(/\\bISSW=1/)||0==UPS.get("isSwi
tch"));\nbds&&bds.comm&&(bds.comm.supportis=!i,bds.comm.isui=!0),window.__restar
t_confirm_timeout=!0,window.__confirm_timeout=8e3,window.__disable_is_guide=!0,w
indow.__disable_swap_to_empty=!0,window.__switch_add_mask=!0;var s="http://s1.bd
static.com/r/www/cache/static/global/js/all_async_search_ad79fcd.js",n="/script"
;document.write("<script src=\'"+s+"\'><"+n+">"),bds.comm.newindex&&$(window).on
("index_off",function(){$(\'<div class="c-tips-container" id="c-tips-container">
</div>\').insertAfter("#wrapper"),window.__sample_dynamic_tab&&$("#s_tab").remov
e()\n}),bds.comm&&bds.comm.ishome&&Cookie.get("H_PS_PSSID")&&(bds.comm.indexSid=
Cookie.get("H_PS_PSSID"))}();</script>\r\n\r\n\r\n\r\n<script>\r\nif(bds.comm.su
pportis){\r\n    window.__restart_confirm_timeout=true;\r\n    window.__confirm_
timeout=8000;\r\n    window.__disable_is_guide=true;\r\n    window.__disable_swa
p_to_empty=true;\r\n}\r\ninitPreload({\r\n    \'isui\':true,\r\n    \'index_form
\':"#form",\r\n    \'index_kw\':"#kw",\r\n    \'result_form\':"#form",\r\n    \'
result_kw\':"#kw"\r\n});\r\n</script>\r\n\r\n<script>\r\nif(navigator.cookieEnab
led){\r\n\tdocument.cookie="NOJS=;expires=Sat, 01 Jan 2000 00:00:00 GMT";\r\n}\r
\n</script>\r\n\r\n\n\n</body>\n</html>\n\r\n\r\n\r\n\n\r\n'
>>> 
Ln: 35  Col: 4
```

执行例 4-22 的程序后屏幕内会出现大段蓝色代码，这便是将从网址提取出来的 html 代码通过 read() 函数，以文本形式全部显示出来。仔细观察可以发现本应是中文的地方被转换成了 UTF-8 编码（8-bit Unicode Transformation Format，8 位 Unicode 转换），这是因为 Python 3 默认使用 UTF-8 编码，因此如果需要将代码里的中文还原，就需要用 decode 函数解码成 Unicode。

例 4-23：

```
>>> s2 = s1.read()
>>> s2 = s2.decode('UTF-8')
>>> print(s2)
```

如果将例 4-22 的源代码以 html 格式保存成文件，便相当于浏览器中将网页保存到本地。

例 4-24：

```
>>> s3 = open('baidu.txt','wb')
>>> s3.write(s2)
>>> s3.close()
```

在 Python 文件夹下可以找到名为“baidu.txt”的文件，用浏览器打开后可以看到网站代码部分被完整保存了下来。

4.4.2 提取网址

仔细观察“baidu.txt”文件，可以发现该网页中已经写有大量网址信息，例如‘href=“http://zhidao.baidu.com/q?ct=17&pn=0&tn=ikaslist&rn=10&word=&fr=wwwt”’，这类信息的共同形式为‘href=“网址”’，在 Python 里可以用正则表达式‘href=“(.+?)”’来表示。正则表达式，又称规则表达式，通常被用来检索、替换那些符合某个模式（规则）的文本。利用 re 数据库里的 compile 函数来建立需要搜索的模式，一般命名为 pattern。再用 findall 函数将源代码中符合这一模式的数据全部提取到一个列表中来。

例 4-25：

```
>>>import urllib.request
>>>import pandas as pd
>>>re
>>>urlop = urllib.request.urlopen('http://www.baidu.com/')
>>>data = urlop.read().decode('utf-8')
>>> pattern = re.compile('href="(.+?)"')
>>>s4 = re.findall(pattern,data)
>>>s4
```

```
['/favicon.ico', '/content-search.xml', '//www.baidu.com/img/baidu.svg', '//s1.bdstatic.com',
'//t1.baidu.com', '//t2.baidu.com', '//t3.baidu.com', '//t10.baidu.com', '//t11.baidu.com', '
//t12.baidu.com', '//b1.bdstatic.com', '/', 'javascript:;', 'javascript:;', 'javascript:;', '
/', 'javascript:;', 'https://passport.baidu.com/v2/?login&tpl=mn&u=http%3A%2F%2Fwww.baidu.com
%2F', 'http://www.nuomi.com/?cid=002540', 'http://news.baidu.com', 'http://www.hao123.com', '
http://map.baidu.com', 'http://v.baidu.com', 'http://tieba.baidu.com', 'https://passport.baid
u.com/v2/?login&amp;tpl=mn&amp;u=http%3A%2F%2Fwww.baidu.com%2F', 'http://www.baidu.com/gaoji/
preferences.html', 'http://www.baidu.com/more/', 'http://news.baidu.com/ns?cl=2&rn=20&tn=news
&word=', 'http://tieba.baidu.com/f?kw=&fr=wwwt', 'http://zhidao.baidu.com/q?ct=17&pn=0&tn=ika
slist&rn=10&word=&fr=wwwt', 'http://music.baidu.com/search?fr=ps&ie=utf-8&key=', 'http://imag
e.baidu.com/search/index?tn=baiduimage&ps=1&ct=201326592&lm=-1&cl=2&nc=1&ie=utf-8&word=', 'ht
tp://v.baidu.com/v?ct=301989888&rn=20&pn=0&db=0&s=25&ie=utf-8&word=', 'http://map.baidu.com/m
?word=&fr=ps01000', 'http://wenku.baidu.com/search?word=&lm=0&od=0&ie=utf-8', '//www.baidu.co
m/more/', '//www.baidu.com/cache/sethelp/help.html', 'http://home.baidu.com', 'http://ir.baid
u.com', 'http://e.baidu.com/?refer=888', 'http://www.baidu.com/duty/', 'http://jianyi.baidu.c
om/', 'http://www.beian.gov.cn/portal/registerSystemInfo?recordcode=11000002000001']
```

```
>>>s4p = pd.Series(s4)
>>>s4p
```

```
0                                          /favicon.ico
1                                   /content-search.xml
2                         //www.baidu.com/img/baidu.svg
3                                     //s1.bdstatic.com
4                                        //t1.baidu.com
5                                        //t2.baidu.com
6                                        //t3.baidu.com
7                                       //t10.baidu.com
8                                       //t11.baidu.com
9                                       //t12.baidu.com
10                                    //b1.bdstatic.com
11                                                    /
12                                          javascript:;
13                                          javascript:;
14                                          javascript:;
15                                                    /
16                                          javascript:;
17    https://passport.baidu.com/v2/?login&tpl=mn&u=...
18                     http://www.nuomi.com/?cid=002540
19                                http://news.baidu.com
20                                http://www.hao123.com
21                                 http://map.baidu.com
22                                   http://v.baidu.com
23                               http://tieba.baidu.com
24    https://passport.baidu.com/v2/?login&amp;tpl=m...
25           http://www.baidu.com/gaoji/preferences.html
26                           http://www.baidu.com/more/
27    http://news.baidu.com/ns?cl=2&rn=20&tn=news&word=
28                 http://tieba.baidu.com/f?kw=&fr=wwwt
29    http://zhidao.baidu.com/q?ct=17&pn=0&tn=ikasli...
30    http://music.baidu.com/search?fr=ps&ie=utf-8&key=
31    http://image.baidu.com/search/index?tn=baiduim...
32    http://v.baidu.com/v?ct=301989888&rn=20&pn=0&d...
33             http://map.baidu.com/m?word=&fr=ps01000
34    http://wenku.baidu.com/search?word=&lm=0&od=0&...
35                              //www.baidu.com/more/
36             //www.baidu.com/cache/sethelp/help.html
37                                http://home.baidu.com
38                                  http://ir.baidu.com
39                         http://e.baidu.com/?refer=888
40                           http://www.baidu.com/duty/
41                              http://jianyi.baidu.com/
42    http://www.beian.gov.cn/portal/registerSystemI...
dtype: object
```

例 4-25 程序中将搜索出来的所有符合正则表达式的数据导入到一个 Series，这样既方便分析，又可以单独导出保存。

4.4.3 保存网页图片

以百度图片为例，假设需要提取当前搜索内容的第一页图片，那么首先用浏览器打开百度图片，这里举例搜索的关键词为“太阳”，将网址保存下来提取源代码。通过分析源代码我们发现图片链接的共同形式为‘"objURL"："图片地址"’,可以用正则表达式‘"objURL"："(.+?)"’表示。

例 4-26：

```
>>>import urllib.request
>>>import pandas as pd
>>>url = urllib.request.urlopen(
'http://image.baidu.com/search/index?tn=baiduimage&ps=1&ct=201326592&lm=-1&cl
= 2&nc=1&ie=utf-8&word=%CC%AB%D1%F4'
>>> data = urlop.read().decode('utf-8')
>>>pattern = re.compile ('"objURL":"(.+?)"')
>>>s5=re.findall(pattern,data)
>>> s5p = pd.Series(s5)
a = urllib.request.urlopen(s2p[0])
>>>f = open('img/1.jpg','wb')
>>> f.write(a.read())
>>>f.close()
```

例 4-26 程序将图片的地址提取出来，并将排在第一的图片下载保存在 img 文件夹里，命名为 1.jpg。那么如果要将所有提取出来的图片全部下载下来，就需要在 py 文件里编写循环语句。

例 4-27：

```
    import urllib.request
    import re
    import pandas as pd
    urlop = urllib.request.urlopen('http://image.baidu.com/search/
index?tn=baiduimage&ps=1&ct=201326592&lm=-1&cl=2&nc=1&ie=utf-
8&word=%E5%A4%AA%E9%98%B3"')
    data = urlop.read().decode('utf-8')
    pattern = '"objURL":"(.+?)"'
    s6=re.findall(pattern,data)
    s6p=pd.Series(s6)
    num=0
    for num in s6p.index:
        a = urllib.request.urlopen(s6p[num])
        with open('img/%s.jpg'%str(num+1),'wb') as f:
            f.write(a.read())
            print("Downloading:", s6p[num])
            num += 1
```

例 4-27 程序对文件名进行序列命名，并且为了避免文件一直处于打开状态，使用 with 函数，它会在语句执行完后自动执行文件关闭。

上机实践

1．尝试将例 4-22 到例 4-25 写进一个 py 文件里，并尝试简化程序。

2．将例 4-26 写进一个 py 程序里，并尝试改写成运行程序后手动输入关键词并下载相关图片。

课堂练习

一、选择题

下列有关网络爬虫说法错误的是（　　）。

A．可以利用网络爬虫访问并记录所有可以访问的网页

B．从网页提取出来的信息无须转码即可直接使用

C．需要用正则表达式来代替目标数据

D．with 函数可以避免文件处于一直打开状态

二、思考题

例 4-26 下载图片后能否按照关键词分开保存?

阅读材料

Python 支持的正则表达式

模式	描述
^	匹配字符串的开头。
$	匹配字符串的末尾。
.	匹配任意字符，除了换行符，当 re.DOTALL 标记被指定时，则可以匹配包括换行符的任意字符。
[...]	用来表示一组字符，单独列出：[amk] 匹配 ‘a’，‘m’ 或 ‘k’。
[^...]	不在 [] 中的字符：[^abc] 匹配除了 a、b、c 之外的字符。
re*	匹配 0 个或多个的表达式。
re+	匹配 1 个或多个的表达式。
re?	匹配 0 个或 1 个由前面的正则表达式定义的片段，非贪婪模式。
re{n}	匹配 n 个前面表达式。

续表

模式	描述
re{n,}	精确匹配 n 个前面表达式。
re{n, m}	匹配 n 到 m 次由前面的正则表达式定义的片段，贪婪模式。
a|b	匹配 a 或 b。
(re)	既匹配括号内的表达式，也表示一个组。
(?imx)	正则表达式包含三种可选标志：i、m 或 x 。只影响括号中的区域。
(?-imx)	正则表达式关闭 i、m 或 x 可选标志。只影响括号中的区域。
(?: re)	类似 (...), 但是不表示一个组。
(?imx: re)	在括号中使用 i、m 或 x 可选标志。
(?-imx: re)	在括号中不使用 i、m 或 x 可选标志。
(?#...)	注释。
(?= re)	前向肯定界定符。如果所含正则表达式,以 ... 表示,在当前位置成功匹配时成功,否则失败。但一旦所含表达式已经尝试,匹配引擎根本没有提高;模式的剩余部分还要尝试界定符的右边。
(?! re)	前向否定界定符。与肯定界定符相反；当所含表达式不能在字符串当前位置匹配时成功。
(? > re)	匹配的独立模式，省去回溯。
\w	匹配字母、数字及下画线。
\W	匹配非字母、数字及下画线。
\s	匹配任意空白字符，等价于 [\t\n\r\f]。
\S	匹配任意非空字符。
\d	匹配任意数字，等价于 [0-9]。
\D	匹配任意非数字。
\A	匹配字符串开始。
\Z	匹配字符串结束，如果是存在换行，只匹配到换行前的结束字符串。
\z	匹配字符串结束。
\G	匹配最后匹配完成的位置。
\b	匹配一个单词边界，也就是指单词和空格间的位置。例如，'er\b' 可以匹配 "never" 中的 'er'，但不能匹配 "verb" 中的 'er'。
\B	匹配非单词边界。'er\B' 能匹配 "verb" 中的 'er'，但不能匹配 "never" 中的 'er'。
\n, \t,	匹配一个换行符；匹配一个制表符等。
\1...\9	匹配第 n 个分组的子表达式。
\10	匹配第 n 个分组的子表达式，如果不匹配，则指的是八进制字符码的表达式。

4.5 数据挖掘

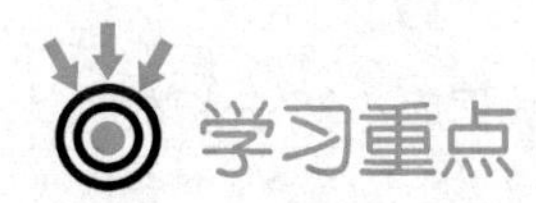

学习重点

1. 数据挖掘的背景
2. 数据挖掘的步骤
3. 数据挖掘的基本技术
4. 数据挖掘的案例

数据挖掘是 Python 的一个重要应用途径，现如今是一个大数据的时代，而数据挖掘就是在大量的数据中找出有用的信息供我们使用。了解数据挖掘技术能够使我们更快地融入现代生活。

4.5.1 数据挖掘的背景

20 世纪 90 年代，数据库系统已经广泛应用，网络技术高速发展，数据库技术跟着进入一个全新的阶段，即从过去仅储存一些简单数据发展到储存由各种计算机所产生的图形、图像、音频、视频、电子档案、Web 页面等多种类型的复杂数据，并且数据量也越来越大。虽然给我们提供了丰富的信息，但是也体现出海量信息的缺点。在信息爆炸的时代，海量信息给人们带来许多负面影响，最主要也最重要的就是：有效信息难以提炼。过多无用的信息必然会产生信息距离（the Distance of Information-state Transition，DIST 或 DIT，即信息状态转移距离，是对一个事物信息状态转移所遇到障碍的测量尺度）和有用知识的丢失。这也就是约翰·内斯伯特（John Nalsbert）所称的“信息丰富而知识贫乏”窘境。

因此，人们十分渴求能对海量数据进行深入分析，发现并提取出隐藏在其中的信息，以便能够利用好这些数据。但数据库系统只有录入、查询、统计等功能，无法发现数据中存在的关联关系和规则，无法根据现有的数据预测未来的发展趋势，更不能挖掘出数据背后隐藏的知识。正是在这样的背景下，数据挖掘技术应运而生。

4.5.2 数据挖掘的步骤

在实施数据挖掘之前，先制定需要什么样的步骤，每一步需要干什么，能够达到什么样的目标是十分重要的，好的计划是数据挖掘能够平稳实施并取得成功的保障。很多软件供应商和数据挖掘顾问都提供了数据挖掘过程的模型，目的是指导他们的用户顺利地进行数据挖掘工作。比如 SPSS 公司的 5A 和 SAS 公司的 SEMMA。

数据挖掘过程模型步骤主要包括:（1）确定目标;（2）建立供挖掘的数据库;（3）分析数据;（4）准备数据；（5）建立模型；（6）评价和解释；（7）实施。

（1）确定目标。在开始数据挖掘之前最先的同时也是最重要的要求就是了解所拥有的数据和需要解决的问题。必须要对目标有一个清晰明确的认识，即确定到底想要做什么。比如需要提高电子信箱的利用率时，想做的可能是“提高用户使用率”，也有可能是“提高用户一次使用的价值”。可以知道，解决这两个问题的发展方向是不同的，因此建立的模型也是不同的，所以在开始前，必须确定要做的是哪个。

（2）建立供挖掘的数据库。建立供挖掘的数据库包括以下几个步骤：① 收集数据；② 解释数据；③ 数据选择；④ 数据质量评估和数据清理；⑤ 合并与整合；⑥ 构建元数据；⑦ 加载数据库；⑧ 维护数据库。

（3）分析数据。分析的目的是找到对预测输出影响最大的数据字段和确定是否需要定义导出字段。如果数据集包含成百上千的字段，通过人力来分析处理这些数据基本是不可能的，这时你必须选择一个具有好的界面和功能强大的工具来帮助你完成这些事情。

（4）准备数据。这是在正式建模之前所做的最后一项工作了。可以把它分为 4 个部分：① 选择变量；② 选择记录；③ 创建新变量；④ 转换变量。

（5）建立模型。建立模型是一个反复而复杂的过程。需要细致地考察不同的模型，目的是判断哪个模型对于所需要面对的问题最有用。为了了解模型的可行性，验证环节是少不了的。因此先用一部分数据建立模型，而剩下的数据就用来测试和验证这个得到的模型。有时还特地建立第三个数据集，称为验证集，因为测试集可能受模型的特性的影响，这时需要一个独立的数据集来验证模型是否准确。训练和测试数据挖掘模型需要把数据至少分成两个部分：一个用于模型训练，另一个用于模型测试。

（6）评价和解释。模型建立好之后，必须对模型结果进行评价，对模型价值进行解释。测试集的数据测试得到的准确率只对用于建立模型的数据有意义。在实际应用中，需要进一步了解错误的类型和由此带来的相关费用的多少。经验证有效的模型也不一定是正确的模型。造成这一点的直接原因就是在模型建立过程中会设置各种假定，但是现实生活中，假设不一定存在。因此进一步在现实世界中测试模型很重要。先在小范围内应用，取得测试数据，觉得满意之后再向大范围推广。

（7）实施。模型建立并经验证之后，使用方法主要有两种。第一种是提供给分析人员做参考；另一种是把此模型应用到不同的数据集上。

因为事物是在不断发展变化的，很可能过一段时间之后，模型就不再起作用了。销售人员都知道，人们的购买方式随着社会的发展而变化。因此随着使用时间的推移，要不断地对模型重新测试，有时甚至需要重新建立模型。

4.5.3 据挖掘的基本技术

1．预言型数据挖掘

（1）分类。分类的目的是把一个事件或一个对象归类。在使用上，不仅可以用此模型分析已有的数据，也可以用它来预测未来的数据。例如，用分类来预测哪些客户会对电子信箱的广告做出回复，又有哪些客户可能会更换他的手机服务提供商，或在医疗领域当遇到一个病例时，用分类来判断从使用哪些药品着手进行治疗会比较好。

（2）回归。回归是通过使用已知值的变量来预测其他未知变量的值。当处理特别简单的数据的时候，回归采用的是类似于线性回归这种简单的统计技术。当然，大多数情况下，线性回归都不能够对现实生活中的问题进行分析和预测。为此人们又发明了许多新的手段来试图解决这个问题，如逻辑回归、决策树、神经网络等。

（3）时间序列。时间序列是在同一变量中，已知变量过去的值，以此来预测变量未来的值。与回归一样，也是用已知的值来预测未来的值，不同的是，这些值都有时间标签，按照时间在变化。时间序列采用的方法一般是在连续的时间流中截取一个时间窗口（一个时间段），窗口内的数据作为一个数据单元，然后在时间流上不停地取时间窗口，以获得建立模型所需要的训练集。

2．描述型数据挖掘

图形和可视化工具在数据准备阶段尤为重要，它使人们能够快速直观地观察和分析数据，而不只是看到那些枯燥乏味的文本和数字。我们不仅要看到整个森林，还要拉近每一棵树来察看细节。在图形模式下人们更容易找到数据中可能存在的模式、关系、异常等，然而直接观察数字则很难。

（1）聚类。聚类，顾名思义是选取不同的类别，然后把不同类型的数据聚合起来，聚类需要做到每个类别中的数据都有十分明显的差别，而同一个类的数据要尽量类似。与分类不同，在开始聚类之前我们不知道要把数据分成几组，也不知道怎么分。因此，在聚类之后要有一个对专业很熟悉的人来解释分类的意义。

（2）关联分析。关联分析是寻找数据库中值的相关性。两种常用的技术是关联规则和序列模式。关联规则是寻找在同一个事件中出现的不同项的相关性，比如在一次购买活动中所买不同商品的相关性。序列模式与此类似，它寻找的是事件之间时间上的相关性。

3.5.4 案例

尿布与啤酒

在一家超市里，有一个有趣的现象：尿布和啤酒竟然摆在一起出售。但是这个奇怪的举措却使尿布和啤酒的销量双双提升了。这不是一个笑话，而是发生在美国沃尔玛连锁店超市的真实案例，并一直为商家所津津乐道。沃尔玛拥有世界上最大的数据仓库系统，为了能够准确了解顾客在其门店的购买习惯，沃尔玛对其顾客的购物行为进行购物篮分析，目的是想知道顾客经常一起购买的商品有哪些。沃尔玛数据仓库里集中了其各门店的详细原始交易数据。在这些原始交易数据的基础上，沃尔玛利用数据挖掘方法对这些数据进行分析和挖掘。一个意外的发现是：跟尿布一起购买最多的商品竟是啤酒！经过大量实际调查和分析，揭示了一个隐藏在“尿布与啤酒”背后的美国人的一种行为模式：在美国，一些年轻的父亲下班后经常要到超市去买婴儿尿布，而他们中有30%～40%的人同时也为自己买一些啤酒。产生这一现象的原因是：美国的太太们常叮嘱她们的丈夫下班后为小孩买尿布，而丈夫们在买尿布后又随手带回了他们喜欢的啤酒。

按常规思维，尿布与啤酒风马牛不相及，若不是借助数据挖掘技术对大量交易数据进行挖掘分析，沃尔玛是不可能发现数据中存在这一有价值的规律的。

在网上找找，看还有什么数据挖的掘经典案例，和同学们一起分享吧。

一、选择题

下列有关数据挖掘说法正确的是（　　）。

A．数据挖掘只能商用，在别的方面应用很少

B．数据挖掘的有些步骤可以跳过

C．数据挖掘通过大批量的数据获得需要的信息

D．数据挖掘不需要人参与

二、思考题

如何用 Python 实现数据挖掘呢?

阅读材料

数据挖掘的发展阶段

第一阶段：电子邮件阶段

这个阶段可以认为是从 20 世纪 70 年代开始，平均的通信量以每年几倍的速度增长。

第二阶段：信息发布阶段

从 1995 年起，以 Web 技术为代表的信息发布系统，爆炸式地成长起来，成为目前 Internet 的主要应用。电子商务从“粗放型”转变到“精准型”的营销时代。

第三阶段：电子商务（Electronic Commerce，EC）阶段

EC 在美国也才刚刚开始，之所以把 EC 列为一个划时代的东西，是因为 Internet 的最终主要商业用途，就是电子商务。同时反过来也可以说，若干年后的商业信息，主要是通过 Internet 传递的。Internet 即将成为我们这个商业信息社会的神经系统。1997 年底在加拿大温哥华举行的第五次亚太经合组织非正式首脑会议（APEC）上，美国总统克林顿提出促进各国共同促进电子商务发展的议案，引起了全球首脑的关注，IBM、HP 和 Sun 等国际著名的信息技术厂商已经宣布 1998 年为电子商务年。

第四阶段：全程电子商务阶段

随着 SaaS（Software as a Service）软件服务模式的出现，软件纷纷登陆互联网，延长了电子商务链条，形成了当下最新的“全程电子商务”概念模式，也因此形成了一门独立的学科——数据挖掘与客户关系管理硕士。

第一阶段：电子邮件阶段

第二阶段：信息发布阶段

第三阶段：电子商务（Electronic Commerce，EC）阶段

第四阶段：全程电子商务阶段

第5章 Python扩展应用

- 可视化编程：使用 Tkinter 模块进行 GUI 编程，使用 PyQt 编写 GUI 程序，使用 pyinstaller 将 Python 程序打包成 exe 文件
- 扩展模块：NumPy、matplotlib、request 的介绍与使用
- 数据库的简单认识，Python 连接 Access 数据库，Python 连接 MySQL 数据库
- Python 与硬件连接：Python 中 serial 模块的使用，Python 通过串口与 Arduino、树莓派的连接

5.1 Python可视化编程

1. 使用 Tkinter 模块进行 GUI 编程
2. 使用 PyQt 编写一个 Python GUI 程序
3. 使用 pyinstaller 将 Python 程序打包成 exe 文件

Python 是支持可视化编程的，即编写 GUI 程序，你可以用它来编写自己喜欢的桌面程序。使用 python 自带的 Tkinter 来做界面非常简单，只是不能像 C# 一样拖动控件，需要自行写代码来布局。

使用 PyQt 组件里的“Qt 设计师”可以实现 GUI 界面的可视化开发。

在完成编写之后，由于 py 文件不能在没有安装 Python 的电脑上运行，需要找一个将程序打包成在任意电脑上都能运行的工具，pyinstaller 正好可以实现这个功能。

5.1.1 使用 Tkinter 模块进行 GUI 编程

Tkinter 是 Python 的标准 GUI 库。Python 使用 Tkinter 可以快速地创建 GUI 应用程序。

Tkinter 库是 Python 的内置库，当 Python 安装好以后，就能够使用 Tkinter 库了。有趣的是，Python 自带的编辑器 IDLE 就是用 Tkinter 编写的，因此，对于简单的图形界面来说，使用 Tkinter 能够轻松面对。

Tkinter 创建一个 GUI 程序的流程：

（1）导入 Tkinter 模块；

（2）创建控件；

（3）指定这个控件的 master，即这个控件属于哪一个；

（4）告诉 GM(Geometry Manager) 有一个控件产生了。

例 5-1：

下面是一个示例程序，我们将程序命名为“tk.py”。

```
#!/usr/bin/python
# -*- coding: UTF-8 -*-
import Tkinter
top = Tkinter.Tk()
# 进入消息循环
top.mainloop()
```

运行代码结果如图 5-1 所示：

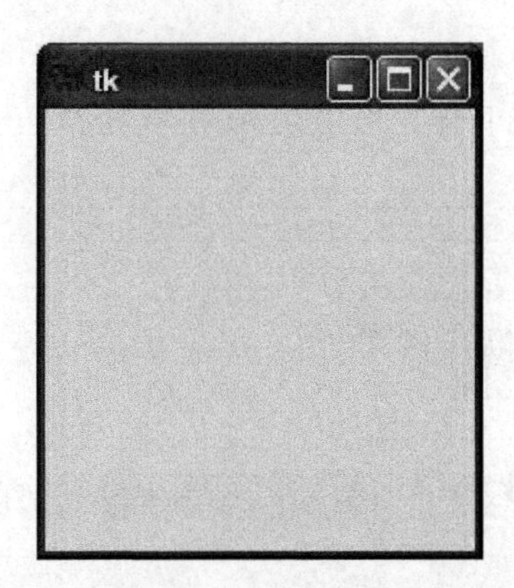

图 5-1 代码运行图

5.1.2 使用 PyQt 编写一个 Python GUI 程序

使用 PyQt 组件里的“Qt 设计师”可以实现可视化 GUI 界面开发。PyQt 是一个扩展库。首先，利用 pip 来下载安装最新版的 PyQt5，如图 5-2 所示。

分别输入以下两行命令安装 PyQt5：

```
pip3 install PyQt5
pip3 install PyQt5-tools
```

```
C:\Windows\system32>pip3 install PyQt5
Collecting PyQt5
  Downloading PyQt5-5.8.1.1-5.8.0-cp35.cp36.cp37-none-win_amd64.whl (75.2MB)
    0% |                                | 20kB 86kB/s eta 0:14:33
```

图 5-2 下载并安装 PyQt5

在这个 whl 文件中，已经包含了如下模块：PyQt、Qt、Qt Designer、Qt Linguist（Qt 语言家）、Qt Assistant、pyuic5（转换由 Qt Designer 生成的 .ui 文件到 .py）、pylupdate5、lrelease、pyrcc5、QScintilla（C++ 编辑器类 Scintilla 在 Qt 环境下的移植版本），也就是说，安装文件在安装过程中已经帮你安装了整个 Qt 套件。

安装好 PyQt5 以后，用一个简单的程序测试一下是否已经安装成功。

例 5-2：

```
import sys
from PyQt5 import QtWidgets, QtCore
app = QtWidgets.QApplication(sys.argv)
widget = QtWidgets.QWidget()
widget.resize(400, 100)
widget.setWindowTitle("This is a demo for PyQt Widget.")
widget.show()
exit(app.exec_())
```

程序运行后的结果如图 5-3 所示：

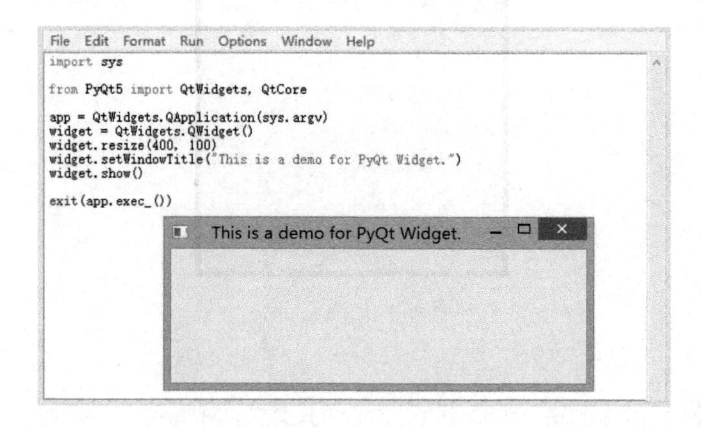

图 5-3 测试 PyQt5 是否安装成功

程序运行成功后，在 Python 安装文件夹下的“\Lib\site-packages\pyqt5-tools”路径里找到“designer.exe”文件，双击打开“QT Designer（QT 设计师）”程序，程序界面如图 5-4 所示。

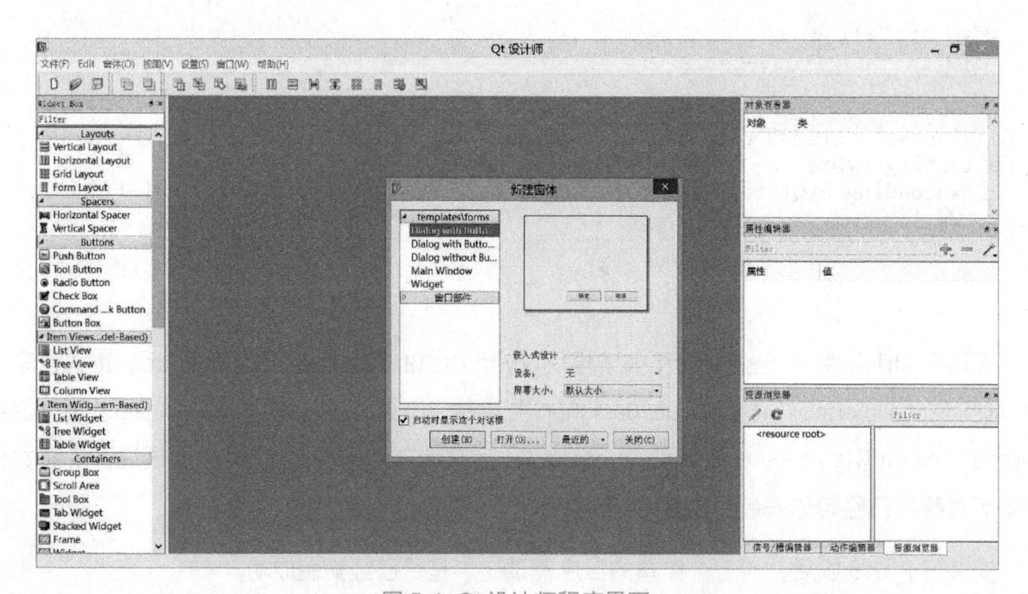

图 5-4 Qt 设计师程序界面

接下来就不用再劳神费力地用代码来设计界面了，从现在开始，所有的东西都将通过图形界面来搞定。

我们用 Qt Designer 编写一个税率计算器，作为我们的第一个 Python GUI 程序。

打开 Qt Designer 以后，在弹出的窗口中，选择 Main Window，它会给你一个空白的画板。

接下来在图 5-5 左侧选择“Text Edit”，将“Text Edit”拖动到主窗口，然后在右侧“属性编辑器”里的“objectName”一栏里给这个文本输入框对象起个名字，这个名字将是我们通过 Python 代码调用到这个对象的变量名，所以请尽量取一个有意义的名称。这里我们将它取名为 price_box，因为我们会在这里输入价格，objectName 不用中文命名是因为程序的变量名不能使用中文。

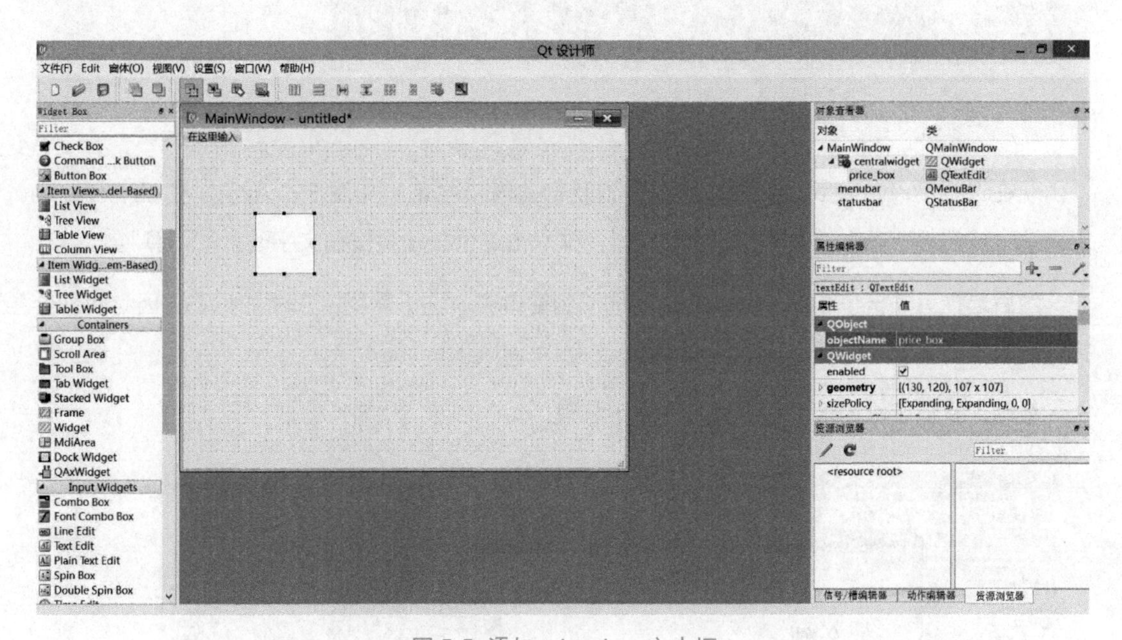

图 5-5 添加 price_box 文本框

然后我们需要给这个输入框添加一个 label，以便让用户更加清楚这个输入框的作用，把它拖动到主窗口当中来。现在它被默认称作 TextLabel。双击并将其命名为“金额”。

接下来，我们找到 spin box 组件作为税率（tax）的输入框，它会限定你能输入的值。将 spin box 拖到窗口中。然后我们要做的第一件事情就是把 objectName 改为一个有意义的名字，例如我们将其设置为 tax_rate。请记住这将会是你在 Python 代码中调用它的时候使用的变量名。在这个组件的 QSpinBox 属性下，“value”是默认值，我们把它设置为 20，“minimum”和“maximum”分别是可以输入的最小值和最大值，我们不去更改它。和前面一样，我们会为它添加一个 label 标签叫做 Tax Rate，如图 5-6 所示。

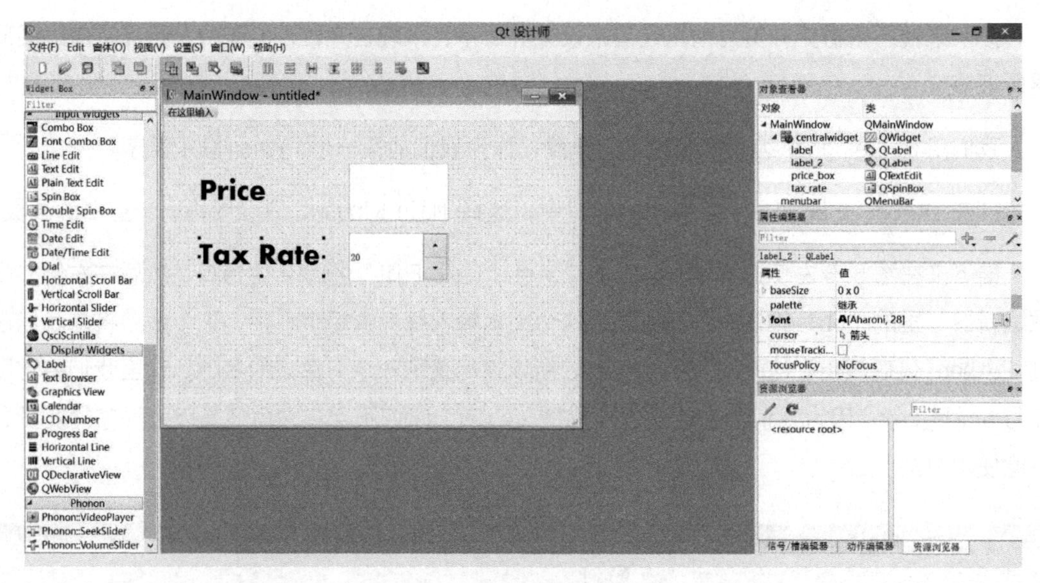

图 5-6 添加标签

现在选择 Push Button 然后将其拖动到我们的窗口中来。如图 5-7 所示，在 objectName 里给这个按钮起个名字“calc_tax_button”，并双击这个按钮将按钮文字改为“计算”。

然后选择另外一个 Text Edit 并将其拖动到窗口中。你不需要给它添加标签，因为我们会把结果输出到这里，并把它的 objectName 改为 results_window。

最后，我们可以给这个程序添加一个大标题。

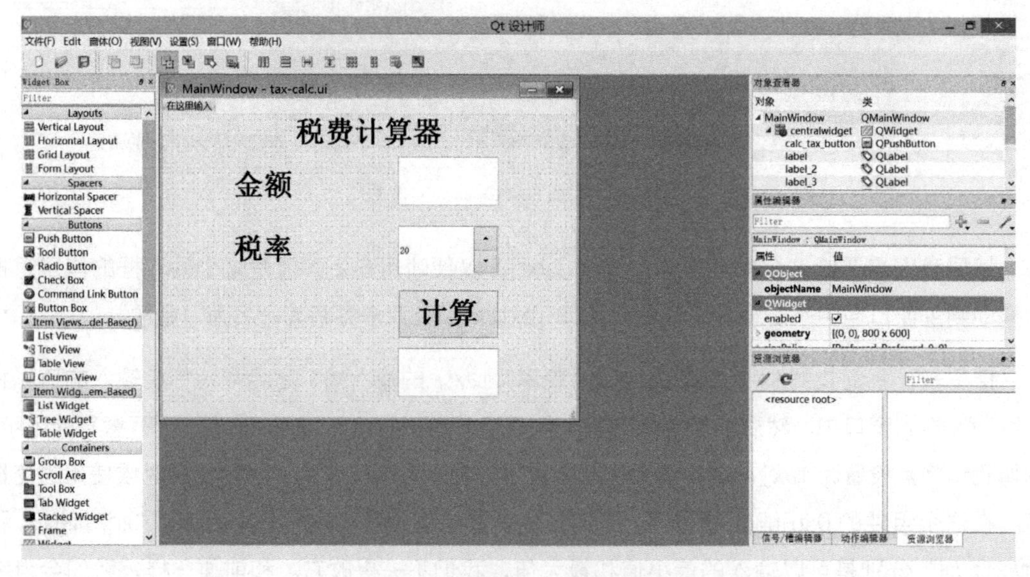

图 5-7 修改按钮文字并添加标题

这个文件在下一部分编写代码的时候将会用到，所以最好把它存在一个我们方便访问的地方，命名为“tax-calc.ui”。

我们创建的只是一个简单的 XML 文件。用任意一个文本编辑器打开它，你可以看到如图 5-8 所示的内容。

tax-calc.ui - 记事本

文件(F) 编辑(E) 格式(O) 查看(V) 帮助(H)

```
<?xml version="1.0" encoding="UTF-8"?>
<ui version="4.0">
 <class>MainWindow</class>
 <widget class="QMainWindow" name="MainWindow">
  <property name="geometry">
   <rect>
    <x>0</x>
    <y>0</y>
    <width>800</width>
    <height>600</height>
   </rect>
  </property>
  <property name="windowTitle">
   <string>MainWindow</string>
  </property>
  <widget class="QWidget" name="centralwidget">
   <widget class="QTextEdit" name="price_box">
    <property name="geometry">
     <rect>
      <x>460</x>
      <y>80</y>
      <width>191</width>
      <height>91</height>
     </rect>
    </property>
```

图 5-8 XML 文件

接下来，我们就要编写这个程序的 Python 代码了。

例 5-3：

```
import sys
from PyQt5 import QtCore, QtWidgets, uic

qtCreatorFile = "" # Enter file here.

Ui_MainWindow, QtBaseClass = uic.loadUiType(qtCreatorFile)

class MyApp(QtGui.QMainWindow, Ui_MainWindow):
        def __init__(self):
                QtWidgets.QMainWindow.__init__(self)
                Ui_MainWindow.__init__(self)
                self.setupUi(self)

if __name__ == "__main__":
        app = QtWidgets.QApplication(sys.argv)
```

```
        window = MyApp()
        window.show()
        sys.exit(app.exec_())
```

将程序命名为 pyqt_first.py。然后我们要做的第一件事就是在代码中导入我们自己的 XML 文件，这个 XML 文件包含了我们这个 GUI 的信息。

将程序的第三行：

```
qtCreatorFile = "" # Enter file here.
```

改为：

```
qtCreatorFile =  "tax-calc.ui"
```

这样就能把我们的 GUI 文件载入到内存中。现在，我们的 GUI 中最关键的组件就是这个按钮了。一旦我们按下这个按钮，就会发生一些神奇的事情。到底会发生什么？这就需要我们告诉代码当按下 Calculate Tax 按钮时该怎么做。在 __init__ 函数中，添加如下的内容：

```
self.calc_tax_button.clicked.connect(self.CalculateTax)
```

这段代码有什么作用？还记得我们把按钮命名为 calc_tax_button 了吗？（这是这个按钮对象的名字，不是按钮上显示的提示字符串。）clicked 是一个内置的函数，当有按钮被点击的时候它会被自动调用。所有的 Qt 组件都有特定的函数，你可以通过 Google 来查看详细的信息。这段代码的最后部分是 connect(self.CalculateTax)。这意味着这个按钮会被链接到一个叫作 self.CalculateTax 的函数中，这样以后每当用户按下这个按钮的时候，这段代码都会被调用。

我们还没有实现这个函数。所以让我们动手开始编写吧。

在 MyApp 类中，添加另外一个函数。我们需要先看看整个函数，然后再去了解它的细节。

```
def CalculateTax(self):
                price = int(self.price_box.toPlainText())
                tax = (self.tax_rate.value())
                total_price = price  + ((tax / 100) * price)
                total_price_string = "The total price with tax is: "
+ str(total_price)
                self.results_window.setText(total_price_string)
```

好了，让我们一行一行地分析上面的代码。

我们现在要做两件事：（1）读取价格和税率；（2）计算最终的价格。请记住，我们要通过设定的名字来调用这些组件。

```
price = int(self.price_box.toPlainText())
```

price_box.toPlainText() 是一个内置的可以读取输入框中的值的函数。（注意：你没必要一开始就去记忆所有的这些函数。因为他们的名字取得很规范，用得多了以后肯定能记住这些函数。）

通过函数读取到的是一个 string 类型的值，所以需要把它转换成 integer 类型并存在一个 price 变量中。然后读取税率：

tax = (self.tax_rate.value())

同样，value() 是读取 spinbox 中值的函数。

我们现在已经得到了以上两个值，这样我们就能用数学公式来计算最终价格了：

total_price = price+ ((tax / 100) * price)

total_price_string = "The total price with tax is: " + str(total_price)

我们新建了一个 string 变量来储存最终价格。因为最终直接显示在应用上的将会是一个 string 类型的值：

self.results_window.setText(total_price_string)

在 results_window 中，我们调用了 setText() 函数，它能显示我们计算出最终价格的字符串。

最后写好的程序我们命名为"pyqt-first.py"，并和 UI 界面布局的文件"tax-calc.ui"放在同一个文件夹里，程序代码如下：

```
import sys
from PyQt5 import QtCore, QtWidgets, uic

qtCreatorFile = "tax-calc.ui" # Enter file here.

Ui_MainWindow, QtBaseClass = uic.loadUiType(qtCreatorFile)

class MyApp(QtWidgets.QMainWindow, Ui_MainWindow):
    def __init__(self):
        QtWidgets.QMainWindow.__init__(self)
        Ui_MainWindow.__init__(self)
        self.setupUi(self)
        self.calc_tax_button.clicked.connect(self.CalculateTax)

    def CalculateTax(self):
        price = int(self.price_box.toPlainText())
        tax = (self.tax_rate.value())
        total_price = price  + ((tax / 100) * price)
        total_price_string = str(total_price)
        self.results_window.setText(total_price_string)
if __name__ == "__main__":
    app = QtWidgets.QApplication(sys.argv)
    window = MyApp()
    window.show()
    sys.exit(app.exec_())
```

最后，我们运行这个编写好的程序，如图 5-9 所示。

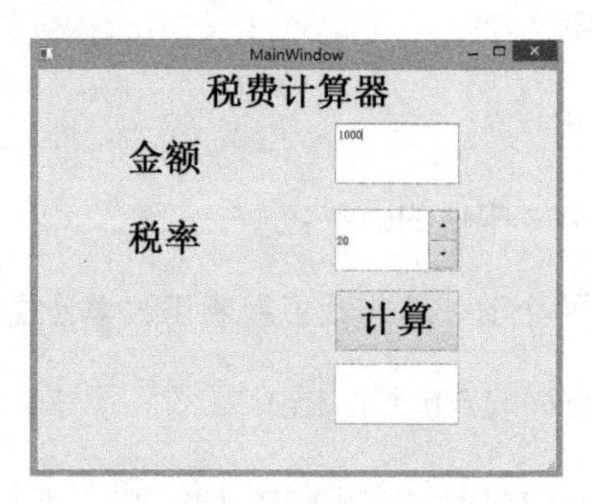

图 5-9 运行程序

5.1.3 使用 pyinstaller 将 Python 程序打包成 exe 文件

（1）首先去官网（http://www.pyinstaller.org/）下载对应的 pyinstall 工具并解压，这里我们下载的文件是 PyInstaller-3.2.1.zip。

（2）运行 cmd，通过 DOS 命令跳转到 pyinstaller 目录，并执行 python setup.py install 进行安装。

（3）也可以选择在线安装，运行 cmd 通过下面的命令即可安装。

```
pip install pyinstaller
```

（4）在 DOS 命令行里进入 py 程序的文件夹，输入下面的命令开始打包。

```
pyinstaller -F -w pyqt-first.py
```

（5）如果打包成功的话，此时 Python 程序的文件夹里应该多了 dist 和 build 两个文件夹，打开 dist 文件夹，我们能看到如图 5-10 所示刚才打包好的 exe 文件，把 ui 文件拷贝到 exe 文件相同目录下。

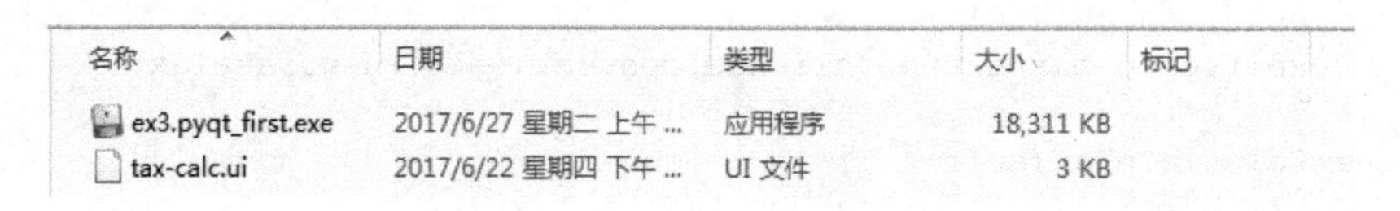

图 5-10 dist 文件夹中的 pyqt-first.exe 文件

打开编译好的程序测试一下吧！

上机实践

使用 PyQt 编写一个 Python GUI 程序，并通过 pyinstaller 将 Python 程序转化为 exe 程序。

课堂练习

1．下列是正确的 Python 可视化编程组件的是（　　）。

A．py2exe　　　B．PyQt　　　C．pyinstaller　　　D．cx_freeze

2．下列不能将 Python 程序转化为 exe 程序的组件是（　　）。

A．cx_freeze　　　B．py2exe　　　C．WxPython　　　D．pyinstaller

常见的 Python GUI 开发工具

Python 最大的特点就在于它的快速开发功能。作为一种胶水型语言，Python 几乎可以渗透在我们编程过程中的各个领域。这里简单介绍几个用 Python 进行 GUI 开发的工具。

一、Tkinter

Tkinter 似乎是与 tcl 语言同时发展起来的一种界面库。Tkinter 是 Python 配备的标准 GUI 库，也是 opensource 的产物。Tkinter 可用于 Windows/Linux/Unix/Macintosh 操作系统，而且显示风格是本地化的。Tkinter 用起来非常简单，Python 自带的 IDLE 就是采用它编写的。此外，Tkinter 的扩展集 Pmw 和 Tix 功能都比较强大，但 Tkinter 却是最基本的。因此，在用 Python 做 GUI 开发时，Tkinter 是最基本的知识，这个环节是必须要学习的。你或许在以后的开发中并不常用 Tkinter，但是在一些小型的应用上，它还是很有用的，而且开发速度也很快。

二、WxPython

WxPython 是作为优秀的跨平台 GUI 库 wxWidgets 的 Python 封装和 Python 模块的方式提供给用户的。wxWidgets 应该算是近几年比较流行的 GUI 跨平台开发技术了。wxWidgets 有不同的应用版本，有 C++ 的，也有 Basic 的，现在在 Python 上也有较好的移植。WxPython 在功能上要强于 Tkinter, 它提供了超过 200 个类，面向对象的编程风格，设计的框架类似于 MFC。对于大型 GUI 应用，WxPython 还是具有很强的优势的。Boa Constructor 可以帮助我们快速可视地构建 wxWidgets 界面。

三、PyQt

Qt 同样是一种开源的 GUI 库，Qt 的类库有 300 多个，函数有 5700 多个。Qt 同样适合于大型应用，由它自带的 Qt Designer 可以让我们轻松地构建界面元素。

四、PyGtk

Gtk是Linux下Gnome的核心开发库，功能非常齐全。值得说明的是，在Windows平台下Gtk的显示风格并不是特别本地化，但是它自带的glade界面设计器还是可以帮用户省不少事的。

五、Jython

如果你尝试过用Python访问Java类库，那么不妨试试用Jython。Jython其实可以认为是另外一个Python开发环境，它基于Java，但是大多数的CPython调用Jython还是可以的。你可以在Jython环境下像使用Java一样通过Python的语法来调用Java语言，真的很酷。

六、MFC

微软基础类库（Microsoft Foundation Classes，简称MFC）是微软公司提供的一个类库（class libraries），以C++类的形式封装了Windows API，并且包含一个应用程序框架，以减少应用程序开发人员的工作量。Windows Pywin32允许你像VC一样的形式来使用Python开发win32应用。代码风格可以类似win32 sdk，也可以类似MFC，由你选择。如果希望在Python下依然不放弃VC一样的代码，那么这就是一个不错的选择。

七、PythonCard

PythonCard其实是对WxPython的再封装。不过封装得更加简单，使用起来比WxPython更直观，也更简单。

八、Dabo

Dabo仍是一个基于WxPython的再封装库，它提供数据库访问、商业逻辑以及用户界面。

九、AnyGui

AnyGui通过底层的API来访问其他工具集，像Tkinter、WxPython和Qt。

十、WPY

WPY是一种拥有MFC风格的GUI开发库，代码风格也类似于MFC，尽管如此，你依旧可以使用这个库来开发GUI应用，而不用担心平台移植的问题。它同样是一个跨平台的库。

十一、IronPython

如果你想要开发.net下的应用的话，IronPython就是你的选择，与Jython有点类似，它同样支持标准的Python模块，但同样增加了对.net库的支持。你也可以理解为它是另一个Python开发环境，可以非常方便地使用Python语法进行.net应用的开发。

5.2 Python的扩展模块

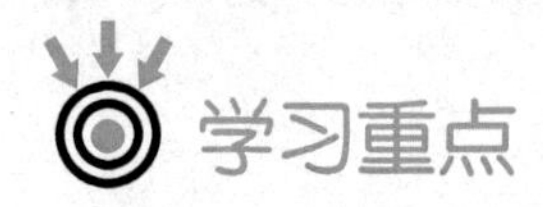

1. NumPy 的介绍与使用
2. matplotlib 的介绍与使用
3. requests 的介绍和使用

现如今，Python 已经成为世界上最受欢迎的语言。究其原因，除了语言浅显易懂、规则宽松以外，还有一个最为重要的原因就是支持许多扩展模块。在本节，我们将介绍 Python 中比较常见的三种扩展模块：NumPy，matplotlib，requests。

5.2.1 NumPy 的介绍与使用

Python 自身有嵌套列表（nested list structure），可以进行数据的运算和处理，但是效率不高，并且不能进行矩阵运算。而 NumPy 是 Python 的一种开源的扩展数值计算库。这个库可用来存储和处理大型矩阵，比列表结构要高效得多。使用 NumPy 中提供的 ndarray 结构可以十分便利地进行数据的处理与计算。使用前需要安装 NumPy，在命令行中输入 pip install numpy 进行安装。

例 5-4：

```
>>>import numpy as np
>>>a=np.array([0,1,2,3,4])
>>>b=np.array([1,2,3,4,5])
>>>type(a)
<class 'numpy.ndarray'>
>>>a+b
array([1, 3, 5, 7, 9])
>>> b*2
array([ 2,  4,  6,  8, 10])
>>> b**2
array([ 1,  4,  9, 16, 25])
>>> np.sin(a)
array([ 0,  0.84147098,  0.90929743,  0.14112001, -0.7568025 ])
>>> np.exp(a)
array([  1,   2.71828183,   7.3890561 ,  20.08553692,  54.59815003])
>>> np.sum(a)
10
```

由例 5-4 程序可知，运用了 NumPy 模块，建立了类型为 ndarray 的数组，并且可以将数组进行加法、乘法、求平方等基本的运算，还可以运用 NumPy 提供的函数，进行三角函数、指数、求和等较为高级的运算，可以说，NumPy 将 Python 变成一种免费的可以进行数组运算的计算器。

5.2.2 matplotlib 的介绍与使用

matplotlib 是 Python 的扩展绘图模块，可以支持 NumPy 的数据结构，能够将 NumPy 的数据用图形化的方式表现出来。在安装的 Python 中并不包含 matplotlib 的库，因此，需要用 2.1 节所介绍的方法，在命令行中输入 pip install matplotlib，安装对应的库，如图 5-11 所示。

```
C:\Users\LUOBOTOU>pip install matplotlib
Collecting matplotlib
  Downloading matplotlib-2.0.0-cp36-cp36m-win_amd64.whl (9.0MB)
    100% |████████████████████████████████| 9.0MB 38kB/s
Collecting cycler>=0.10 (from matplotlib)
  Using cached cycler-0.10.0-py2.py3-none-any.whl
Collecting pyparsing!=2.0.4,!=2.1.2,!=2.1.6,>=1.5.6 (from matplotlib)
  Downloading pyparsing-2.2.0-py2.py3-none-any.whl (56kB)
    100% |████████████████████████████████| 61kB 93kB/s
Requirement already satisfied: numpy>=1.7.1 in c:\users\luobotou\appdata\local\programs\python\python36\lib\site-package
s (from matplotlib)
Requirement already satisfied: six>=1.10 in c:\users\luobotou\appdata\local\programs\python\python36\lib\site-packages (
from matplotlib)
Requirement already satisfied: pytz in c:\users\luobotou\appdata\local\programs\python\python36\lib\site-packages (from
matplotlib)
Requirement already satisfied: python-dateutil in c:\users\luobotou\appdata\local\programs\python\python36\lib\site-pack
ages (from matplotlib)
Installing collected packages: cycler, pyparsing, matplotlib
Successfully installed cycler-0.10.0 matplotlib-2.0.0 pyparsing-2.2.0
```

图 5-11 安装 matplotlib

matplotlib 有两个子模块，分别是 pylab 和 pyplot，在 4.3 节中，我们已经接触过了 pylab，本节主要介绍 pyplot。pyplot 与 pylab 在使用上没有太大区别，只是 pyplot 是一个单纯的绘图库，如图 5-12 所示，而 pylab 是一个多整合的库。因此，对于画图来说，大家都必然倾向于使用 pyplot。这里我们对 pyplot 也只做简单的介绍。

例 5-5：

```
>>> import matplotlib.pyplot as plt
>>> import numpy as np
>>> t=np.arange(-1,2,.01)
>>> s=np.sin(2*np.pi*t)
>>> plt.plot(t,s)
[<matplotlib.lines.Line2D object at 0x000002866948BDD8>]
>>>plt.axis('equal')
>>> plt.show()
```

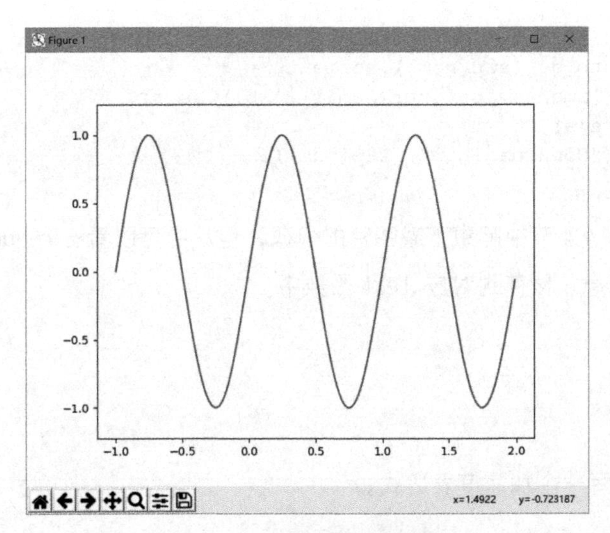

图 5-12　使用 pyplot 绘图

程序例 5-5 中 plt.axis('equal')的作用就是让横轴、数轴的间距相同。

5.2.3 requests 的介绍和使用

我们在 4.4 节中使用了 urllib 模块来制作网络爬虫，而 requests 是基于 urllib 的 HTTP 库，使用起来比 urllib 更加方便。使用前需要安装 requests，在命令行中输入 pip install requests，安装 requests，如图 5-13 所示。

```
C:\Users\LUOBOTOU>pip install requests
Collecting requests
  Downloading requests-2.13.0-py2.py3-none-any.whl (584kB)
    100% |████████████████████████████████| 593kB 299kB/s
Installing collected packages: requests
Successfully installed requests-2.13.0

C:\Users\LUOBOTOU>
```

图 5-13　安装 requests

例 5-6：

```
    import requests
    import re
    import pandas as pd
    keyword = '太阳'
    urlop = requests.get('http://image.baidu.com/search/index?tn=baiduim
age&ps=1&ct=201326592&lm=-1&cl=2&nc=1&ie=utf-8&word='+keyword)
    pattern = '"objURL":"(.+?)"'
    s2 = re.findall(pattern,urlop.text)
    s2p = pd.Series(s2)
    num = 0
```

```
for num in s2p.index:
    a = requests.get(s2p[num]).content
    with open('img/%s.jpg'%str(num+1),'wb') as f:
        f.write(a)
        print("Downloading:", s2p[num])
    num += 1
```

程序例 5-6 类似 4.4 节中爬虫下载图片的代码，但从中可以看出 requests 对 url 不用解码就能识别并且提取信息，储存到对应 .text 函数中。

1．试着用 NumPy 编写一个加速度表达式。

2．试着用 matplotlib 画出题 1 中表达式的图。

3．尝试用 requests 编写手动输入关键词来搜索下载图片的爬虫代码。

一、选择题

下列有关 NumPy 说法错误的是（　　）。

A．导入 NumPy 后就可以像 y = sin(x) 这样来进行三角函数计算

B．使用 NumPy 前要确认是否已经安装

C．NumPy 可以非常方便地进行数组运算

D．可以通过 NumPy 对数组进行排序、求和

二、思考题

如何用 NumPy、matplotlib 构建一个将极坐标系转为直角坐标系的数学方程组及对应图表?

Python 常用模块介绍

Python 除了关键字（keywords）和内置的类型和函数（builtins），更多的功能是通过 libraries（即 modules）来提供的。

用途	常用的 Python 模块
Python 运行时服务	copy, pickle, sys, atexit, gc, inspect, marshal, traceback, types, warnings, weakref
数学	decimal, math, random, fractions, numbers
数据结构，算法和代码简化	array, bisect, collections, heapq, itertools, operator, abc, contextlib, functools
string 和 text 处理	codecs, re, string, struct, unicodedata
Python 数据库访问	Python Database API Specification V2.0, MySQL, Oracle, sqlite3, DBM-style, shelve
文件和目录处理	bz2, filecmp, fnmatch, glob, gzip, shutil, tarfile, tempfile, zipfile, zlib
操作系统的服务	cmmands, configParser, datetime, errno, io, logging, mmap, msvcrt, optparse, os, os.path, signal, subprocess, time, winreg, fcntl
线程和并行	multiprocessing, threading, queue, coroutines, microthreading
网络编程和套接字	asynchat, ssl, socketserver, asyncore, select
Internet 应用程序编程	ftplib, http, smtplib, urllib, xmlrpc
Web 编程	cgi, webbrowser, wsgiref, WSGI
Internet 数据处理和编码	base64, binascii, csv, email, hashlib, htmlparser, json, xml

详情请见附录 4。

5.3 Python与数据库连接（Access、MySQL）

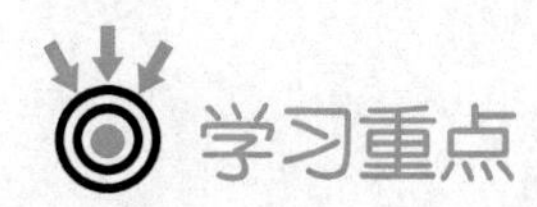

1. 数据库的简单认识
2. Python 连接 Access 数据库
3. Python 连接 MySQL 数据库

数据库（Database）是用来组织、存储和管理数据的专业化工具。数据库有很多种类型，从最简单的存储有各种数据的表格到能够进行海量数据存储的大型数据库系统都在各个方面得到了广泛的应用。而在 Python 中，也提供了对大多数数据库的支持，它可以连接到数据库，并完成数据的查询、添加、删除等操作。这里将以 Access 和 MySQL 两种数据库为例来介绍 Python 与数据库的连接。

5.3.1 连接 Access 数据库

Microsoft Office Access（简称Access数据库）是微软把数据库引擎的图形用户界面和软件开发工具结合在一起的关系数据库管理系统。在Python中可以通过多种方式对Access数据库进行操作。

例 5-7：

用ODBC连接Access数据库。ODBC（Open Database Connectivity，开放数据库连接）是微软提供的数据库访问接口标准，是其开放服务结构中有关数据库的一个组成部分，它建立了一组规范，并提供了独立于数据库的API（应用程序编程接口）函数。ODBC的驱动层可实现对不同数据库的支持。PythonWin中的pypyodbc模块提供了对ODBC的支持，dbi模块定义了各种数据类型。

步骤：

（1）创建Access数据库。在Access中新建数据库，创建表并为其命名，如students；为表添加一些表项，如name、age、sex等；填充相关数据，如图5-14所示。

students

ID	name	age	sex	单击以添加
1	李涛	15	男	
2	张红	15	女	
3	王红霞	15	女	
4	赵云飞	15	男	
(新建)				

图 5-14 students 表

（2）使用pip安装，程序代码如下所示。

```
pip3 install pypyodbc
```

（3）通过Pyodbc扩展库访问Access数据库，程序代码如下所示。

```
    import pypyodbc
    con = pypyodbc.win_connect_mdb('Driver={Microsoft Access Driver (*.mdb,*.
accdb)};DBQ=D:\\pythonDB\\Python.mdb')
    cursor = con.cursor()
    cursor.execute('select id,name from students where id = 3')    # 查询记录
    a = cursor.fetchall()         # 获取查询结果
    print (a)
    cursor.execute('insert into students (name,age,sex) values (\' 周瑜佳 \',16,\'
女 \')')   # 插入记录
    cursor.execute('DELETE FROM students where id = 1')
```

```
con.commit()
cursor.close()
con.close()
```

5.3.2 连接 MySQL 数据库

MySQL 是一种关联数据库管理系统，关联数据库将数据保存在不同的表中，而不是将所有数据放在一个大仓库内，这样就增加了读写速度并提高了灵活性。MySQL 所使用的 SQL 语言是用于访问数据库最常用的标准化语言之一。MySQL 是客户机/服务器结构的实现，由于其体积小、速度快、开放源码等特点，一般中小型网站的开发都选择 MySQL 作为网站数据库。在 Python 中可以通过 pymysql 连接到 MySQL，并进行操作。

例 5-8：

用 pymysql 连接 MySQL 数据库。pymysql 是 Python 用来连接 MySQL 的模块，使用前需安装，相关介绍可以参考网站 https://github.com/PyMySQL/PyMySQL/tree/master/pymysql。

步骤：

（1）使用 pip 安装，程序代码如下所示。

```
pip3 install pymysql
```

（2）用 pymysql 连接 MySQL 数据库，程序代码如下所示。

```
from datetime import date, datetime, timedelta
import pymysql.cursors
config = {
          'host':'127.0.0.1',
          'port':3306,
          'user':'root',
          'password':'123',
          'db':'Podbc',
          'charset':'utf8mb4',
          'cursorclass':pymysql.cursors.DictCursor,
          }                                 # 连接配置信息
con= pymysql.connect(**config)              # 创建连接
with con.cursor() as cursor:
   sql = 'SELECT id,name FROM students WHERE id = 3'     # 执行 sql 语句，进行查询
   cursor.execute(sql)
   a = cursor.fetchone()                 # 获取查询结果
   print(a)
   sql = 'INSERT INTO students (name,age,sex) values (\'周瑜佳\',16,\'F\')'
# 执行 sql 语句，插入记录
   cursor.execute(sql)
con.commit()
cursor.close()
con.close()
```

上机实践

1．用 Access 数据库新建宿舍管理数据库中的学生表，表项包括姓名、性别、年级、班级、宿舍号等内容。

2．通过 Python 实现对数据库内容的查询、添加、删除等操作。

课堂练习

1．数据库是用来 ______、______ 和 _______ 数据的专业化工具。

2．PythonWin 中的 _______ 模块提供了对 ODBC 的支持，_______ 模块定义了各种数据类型。

3．在 Python 中可以通过 _______ 连接到 MySQL，并进行操作。

阅读材料

连接 Access 数据库的其他方法

一、用 DAO 连接 Access 数据库

用 ODBC 连接 Access 数据库时，假如数据库的路径发生了更改，需要重新修改数据源，因此使用时有些烦琐。对于一些相对简单的应用，可以使用 DAO（Data Access Objects）来实现数据库的连接。

在 Python 中，可以通过 PythonWin 中的 win32com 对象来使用 Windows 的 COM 组建。如果 Access 数据库是使用较新版本创建的，则需要转换为 Access97 文件格式后使用。用 DAO 连接 Access 的程序代码如下所示。

```
# -*- coding:utf-8 -*-
# file: DAO.py
#
import win32com.client      # 导入 win32com.client
dbEngine = win32com.client.Dispatch('DAO.DBEngine.35')  # 连接 COM 对象
daoDB = dbEngine.OpenDatabase('python.mdb')        # 打开数据库
daoRS = daoDB.OpenRecordset('students')            # 打开表
daoRS.MoveLast()
print daoRS.RecordCount      # 输出记录总数
print daoRS.Fields('name').Value      # 输出最后一条记录
print daoRS.Fields('age').Value
print daoRS.Fields('sex').Value
daoRS.AddNew()      # 添加新记录
```

```
print daoRS.Fields('name').Value = '夏峰'
print daoRS.Fields('age').Value = 16
print daoRS.Fields('sex').Value = '男'
daoRS.Update()       #更新记录
daoRS.Close()        #关闭表
daoDB.Close()        #关闭数据库连接
```

二、用 ADO 连接 Access 数据库

与 DAO 类似，ADO（ActiveX Data Objetcs）也是一种简单的数据访问接口。使用 ADO 时也需要设置数据源。用 ADO 连接 Access 的程序代码如下所示。

```
# -*- coding:utf-8 -*-
# file: ADO.py
#
import win32com.client     #导入win32com.client
adoCon = win32com.client.Dispatch('ADODB.Connection')  #创建连接对象
adoCon.Open('Podbc')       #连接到数据源
adoRS = win32com.client.Dispatch('ADODB.Recordset')
adoRS.Open('['+'students'+']',adoCon,1,3)          #打开表
daoRS.MoveFirst()          #移动到第一条记录
for i in range(adoRS.RecordCount):
print adoRS.Fields('name').Value     #输出记录
print adoRS.Fields('age').Value
print adoRS.Fields('sex').Value
adoRS.MoveNext()
adoRS.AddNew()       #添加新记录
print adoRS.Fields('name').Value = '刘芳'
print adoRS.Fields('age').Value = 15
print adoRS.Fields('sex').Value = '女'
adoRS.Update()       #更新记录
adoRS.Close()        #关闭表
adoCon.Close()       #关闭数据库连接
```

5.4 Python与硬件连接

1. Python 中 serial 模块的使用
2. Python 通过串口与 Arduino 的连接
3. Python 通过串口与树莓派的连接

在Python中，通过串口通信控制硬件需要用到serial模块。

在 Python 中用关键字 import 来引入某个模块，比如要引用模块 math，就可以在文件最开始的地方用 import math 来引入。在调用 math 模块中的函数时，必须这样引用：

模块名 . 函数名

比如 serial.Serial()

5.4.1 Python 中 serial 模块的使用

Pyserial 模块是 Python 中用来控制串口通信的模块。输入以下命令来安装 pyserial：

```
pip3 install pyserial
```

在联网的情况下，等待 serial 模块下载、安装完毕。如图 5-15 所示，命令提示符的窗口里显示了 serial 模块的安装过程。

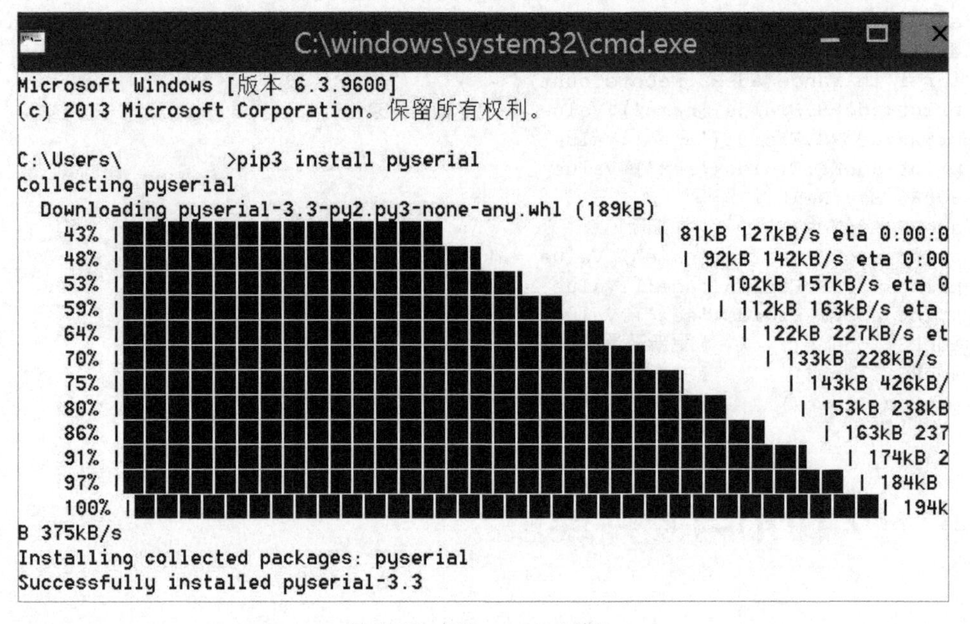

图 5-15 安装 pyserial 模块

5.4.2 Python 通过串口与 Arduino 的连接

Arduino 是一个开源的硬件项目平台，Arduino UNO 的核心器件是一块 AVR ATmega128MCU。相较于其他嵌入式开发板，Arduino 开发板的优势在于开源、容易上手，Arduino 编程过程中所使用到的开发软件都可以免费下载。硬件的参考设计（CAD 文件）也遵循开源共享协议，可以进行个性化修改。一般来说，Arduino 开发套件的传感器众多，有温度传感器、湿度传感器、光敏传感器等采集数据的传感器，也有四位七段数码管、步进电机、LED 灯、液晶显示屏等显示的模块，还有蓝牙、WiFi 等数据通信的模块。总之，学会并用好 Arduino 开发套件里的各类传感器，就已经是半个高手了。

将下面的代码通过 Arduino 的编译平台写入 Arduino 开发板：

```
char line[500] = "";   // 传入的串行数据
int ret = 0;

void setup() {
  Serial.begin(9600);     // 打开串口，设置数据传输速率 9600
}

void loop() {

  // 串口可用时操作
  if (Serial.available() > 0) {
    // 读取传入的数据： 读到 \n 为止，或者最多 500 个字符
    ret = Serial.readBytesUntil('\n', line, 500);

    //打印你得到的：
    Serial.print("I received: ");
    Serial.println(line);
  }
  // 每 1 秒做一个输出
  delay(1000);
  Serial.println("I am waiting! ");
}
```

将下列代码写入 Python 程序并执行：

```
#!/usr/bin/env python
# -*- coding: UTF-8 -*-

import time
import serial

ser = serial.Serial('COM6', baudrate = 9600, timeout=1)  # 注意选择串口号，
我的 arduino 串口是 COM6，所以参数是 COM6
line = ser.readline()
while line:
    print(time.strftime("%Y-%m-%d %X\t") + line.strip())
    line = ser.readline()

    # 每 10 秒向窗口写当前计算机时间
    sep  = int(time.strftime("%S")) % 10
    if sep == 0:
        ser.write("hello, I am hick, the time is : " + time.strftime
("%Y-%m-%d %X\n"))      # write a string

ser.close()
```

5.4.3 Python 通过串口与树莓派的连接

树莓派可以通过扩展插座和自己做的电路交互。扩展插座上的引脚是通用的，因为树莓派可以决定如何使用这些引脚，也可以决定哪些引脚用作输入或者用作输出。嵌入式系统一般都具有这样的设计，这些一般就叫作通用输入输出（GPIO）。

1. 准备材料

一个已经安装配置好了的树莓派，连接控制树莓派所用的其他必需设备，200Ω 的电阻 8 个，LED 灯 8 个，面包板及连接线若干。

2. 电路连接

按照电路图 5-16 所示，在面包板上进行连接。

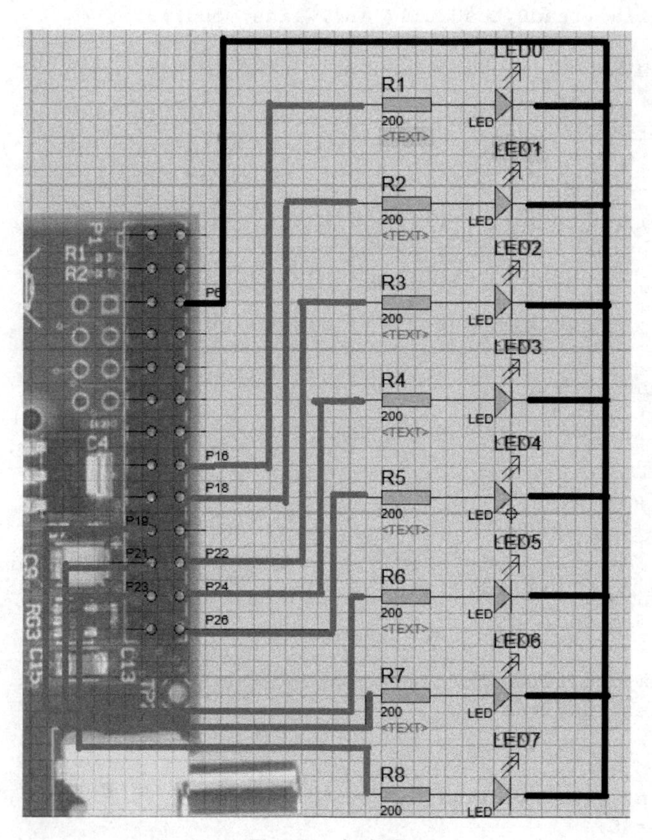

图 5-16 电路图

3. 编写程序

（1）安装 RPi.GPIO

首先确定 RPi.GPIO 已安装，最新的系统已经自带了，如果没有的话可以使用下面的命令来安装。

```
sudo apt-get update
   sudo apt-get install python-dev python-rpi.gpio
```

（2）编写模块

用文本编辑器新建一个 led.py 文件。

```
cd
   mdir GPIO
   cd GPIO
   nano led.py
```

Python 代码如下：

```
import RPi.GPIO as GPIO
import time

channels = [16,18,22,24,26,19,21,23] 
def init():
    GPIO.setmode(GPIO.BOARD)
    for x in channels:
        GPIO.setup(x,GPIO.OUT)
        pass
def on(i):
    GPIO.output(channels[i], GPIO.HIGH)
def off(i):
    GPIO.output(channels[i], GPIO.LOW)
def ctrl(data):
    for i in channels:
        GPIO.output(i, data & 0x1)
        data = data >> 1
    pass
def test():
    for i in xrange(512):
        ctrl(i)
        time.sleep(0.1)
def clean():
    GPIO.cleanup()
```

可以在树莓派上直接编辑这个文件，也可以将文件在电脑上编辑好，然后用 SFTP 或者 Linux 下的 scp 命令传到树莓派上。

（3）调用模块

编写一个 test.py 调用刚才编写好的 led 模块：

```
import led
led.init()
led.test()
led.clean()
```

要注意的是，GPIO 操作需要管理员权限，因此要用 sudo。比如这里我们在启动 Python shell 的时候前边加了 sudo：

```
sudo python
```

而在运行自己编写的 test.py 的时候也要加 sudo：

```
sudo python test.py
```

上机实践

在面包板上连接好线路，如图 5-17 所示，在树莓派上打开 test.py 程序，面包板上的 LED 灯会被点亮。

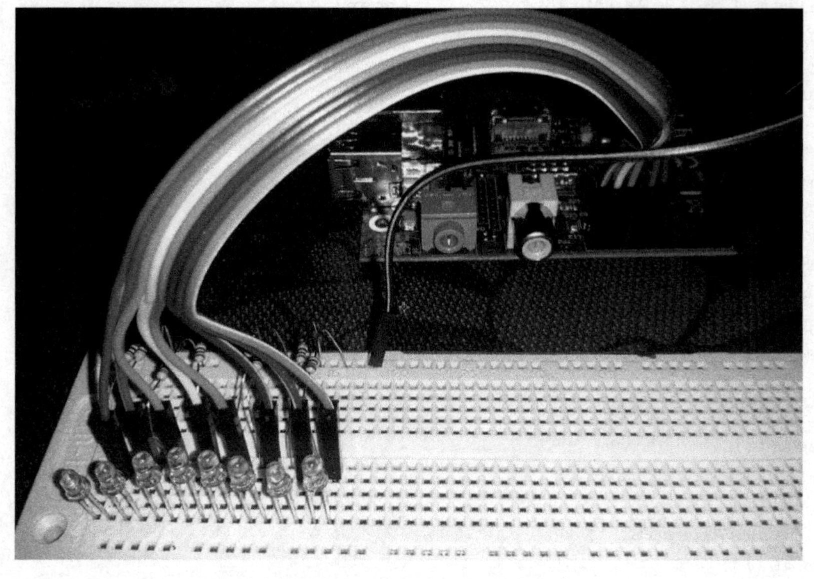

图 5-17 电路实物图

课堂练习

1．Python 中，通过串口通信控制硬件需要用到的模块是（　　）。

A．time　　B．serial　　C．math　　D.test

2．调用树莓派的串口需要用到的模块是（　　）。

A．RPi.GPIO　　B．GUI　　C．Opencv　　D．Qt

RPi.GPIO 模块函数说明

RPi.GPIO.setmode(naming_system)

GPIO 针的命名方式。naming_system 可用的取值有 RPi.GPIO.BCM 和 RPi.GPIO.BOARD，分别代表 boardcom 命名系统和树莓派板子上的命名系统。而因为使用 BCM 的时候（据说）不同的版本 BVM 针脚定义不一样，所以同一套程序在多个树莓派系统上使用的时候建议用 BOARD。

RPi.GPIO.setup(channel, state)

将标号为 channel 的针设置为 state 模式。channel 取值为 1~26，state 取值为 RPi.GPIO.IN 或者 RPi.GPIO.OUT，分别表示输入和输出。例如 RPi.GPIO.setup(1, RPi.GPIO.IN) 表示将 1 号针设置为输入模式；RPi.GPIO.setup(3, RPi.GPIO.OUT) 表示将 3 号针设置为输出模式。具体哪个号是哪根取决于 setmode() 中的设置。

RPi.GPIO.output(channel, state)

将标号为 channel 的针设置为 state 指定的电平。channel 取值为 1~26，state 取值为 RPi.GPIO.HIGH 和 RPi.GPIO.LOW，或者 1 和 0，或者 True 和 False，表示高电平和低电平。例如，RPi.GPIO.output(1, 1) 表示把 1 号针设置为高电平，RPi.GPIO.output(3, Flase) 表示将 3 号针设置为低电平。具体哪个号是哪根取决于 setmode() 中的设置。

RPi.GPIO.input(channel)

获取将标号为 channel 的针的电平状态。channel 取值为 1~26。例如，RPi.GPIO.input(1) 表示获取 1 号针的状态。

RPi.GPIO.cleanup()

清除掉之前 RPi.GPIO.setup() 设置的状态。退出程序之前一定要调用，否则下次调用的时候会报错。

led.py 模块说明

（1）channel 中保存的是连接中使用的针的标号，按顺序。

（2）init() 是初始化 GPIO 接口的代码，使用控制 lcd 之前要调用。主要工作是设置接口命名模式和将 channel 中的针设置为输出模式。

（3）on() /off() 是将 channel 中第 i 个针设置为高电平 / 低电平。

（4）ctrl() 是根据参数设置全 8 根针的电平。参数的低 0 位，低 1 位，低 2 位…分别表示 channel 下标为 0，1，2…的针的电平状况，1 为高电平，0 为低电平。

（5）test() 是测试函数。用 8 位二进制表示 8 个灯的状态，每隔 0.1 秒转到下一个状态：0000 0000，0000 0001，0000 0010，0000 0011，0000 0100，… 实际上就是从 0 数到 255。

（6）clean() 是对 RPi.GPIO.cleanup() 的一个封装。

模拟卷

(一)

一、选择题（4′×15）

1．Python 是（　）的计算机程序设计语言。

A. 面向过程　　B. 面向组件　　C. 面向服务　　D. 面向对象

2．下列对象中（　）不属于数字类型?

A．int　　B．float　　C．str　　D．complex

3．下列可以作为 Python 变量名的是（　）。

A．v_5　　B．if　　C．x-6　　D．76i

4．如果 a=5,b= ‘3’，以下变量运算正确的是（　）。

A．‘6’ +a　　B．a+int(b)　　C．a+b　　D．2+b

5．9___4=1。（　）

A． /　　B． -　　C．//　　D．%

6．下列函数使用错误的是（　）。

A. print(‘hello world’)　　B. input(‘请输入关键词’ :)

C. float(id(‘sss’))　　D. int(33.2)+float(333)

7．下列数组中 s[3] 是 5 的数组是（　）。

A. s=[8,7,6,5,4]　　B. s=[1,2,3,4,5]　　C. s=[1,3,5,7,9]　　D．s=[2,3,4.5,6]

8．下列有关元组说法错误的是（　）。

A. 元组是一个有序序列

B. 多个数据元素间用逗号间隔就能构成一个元组

C. 可以对元组中的元素进行删除操作

D．可以通过 a,b=b,a 互换元组元素

9．返回值为 True 的是（　）

A. ‘name’ == ‘Name’　　B. ‘M’ in ‘Middle’

C. 3 is 3.0　　　　D. int(60.2) is float(60.2)

10. 下列关于算法的说法错误的是（　　）。

A. 算法必须能在执行有限个步骤之后终止

B. 一个算法有0个或多个输入

C. 一个算法有0个或多个输出

D. 算法中任何步骤都是可以分解的

11. 调用自身执行的算法是（　　）。

A. 递归算法　　B. 枚举算法　　C. 递推算法　　D. 查找算法

12. 使用（　　）函数就可以让元祖的元素从小到大排序。

A. reverse()　　B. sort()　　C. reversed()　　D. sorted()

13. Pandas中Series左列默认index是从（　　）开始生成。

A. 0　　B. 1　　C. NaN　　D. a

14. 以下属于Python可视化编程的是（　　）。

A. Numpy　　B. Tkinter　　C. matplotlib　　D. ODBC

15. 下列有关NumPy的说法错误的是（　　）。

A. 导入NumPy后就可以像y = sin(x)这样来进行三角函数计算

B. 使用NumPy前要确认是否已经安装

C. NumPy可以非常方便地进行数组运算

D. 可以通过NumPy对数组进行排序、求和

二、填空题（6′×4）

16. 观察下列代码，将输出值写在横线上。

```
s=[32,56,43,78,85,27]
def comp(a,b):
        if a>b:
            print('true')
        else:
            print('false')
comp(s[1],s[4])
```

____

```
comp(s[3],s[2])
```

____

17. 观察下列代码，将输出值写在横线上。

```
now = 2017
for year in range(2010,now):
    if year%3==0 and year%30!=0:
        print(year)
    else:
        if year%300==0:
            print(year)
```

____

____

18. 在下列代码中写出错误代码行序号，并修改成正确代码。

```
a = 5
b = input(str(a)+"<")                    ①
c = 0
if a<b:                                  ②
    for i in range(0,a):                 ③
        c+=i                             ④
    print(c)
```

错误序号是 _____

正确代码是 ____________________

19. 以下程序用 data 建立一个 DataFrame，替换其中一个数字，请填补空缺行。

```
________________
data = {'grade':['Grade1','Grade1','Grade1','Grade2','Grade2'],
        'class':['Class1','Class2','Class3','Class1','Class2'],
        'member':[43,45,44,46,47]}
__________________
df=df.replace(44,48)
```

三、编程题 (16′)

20. 试着编写代码，通过 matplotlib 绘制一个标准圆。

（二）

一、选择题（4′×15）

1．关于Python，下面说法正确的是（　　）。

A. Python只能在IDLE中运行

B. Python的扩展库可以通过pip来安装

C. 安装Python，Add Python to PATH可有可无

D. Python文件不能直接在命令行中运行

2．以下是整数型的数字是（　　）。

A．3.123　　B．1+0j　　C．900　　D．0.0

3．以下变量命名不正确的是（　　）。

A．_123　　B．TT23　　C．__32　　D．1rdf

4．下面变量运算会报错的是（　　）。

A．5+3.4　　B．int('123')+4　　C．'123'+4　　D．7+4+5j

5．以下运算符中，优先级最高的是（　　）。

A．*　　B．+　　C．-　　D．=

6．关于函数，下面说法正确的是（　　）。

A．Python中函数需要用{}表示函数域

B．函数名是不区分人小写的

C．调用函数时，参数写在函数名后的括号里

D．return后面只能接数字

7．下面说法正确的是（　　）。

A．列表有隐式的写法，可以不带括号

B．元组必须用小括号括起来

C．元组数据不能拆分

D．元组有隐式的写法

8．关于字典，下面说法不正确的是（　　）。

A．字典相当于一个二元的元组

B．字典中每个键只能对应一个值

C．字典中不能单独改变一个键的值

D．字典中可以直接删除某个键 / 值对

9．下面返回 True 的是（　　）。

A.‘H’ in‘Hello’　　B. 42 =‘42’　　C．3＜4　　D．5＞10

10．下面关于算法的说法正确的是（　　）。

A．算法可以是无限的

B．算法编好后，可以直接在计算机上运行

C．算法可以有一个，或者多个输出

D．用流程图表示算法时，可以没有开始框

11．解决汉诺塔问题用的算法是（　　）。

A．查找　　B．递归　　C．递推　　D．排序

12．下面不属于三种常见排序方法的是（　　）。

A．自然排序　　B．选择排序　　C．插入排序　　D．冒泡排序

13．下面不属于预言型数据挖掘的是（　　）。

A．分类　　B．关联分析　　C．回归　　D．时间序列

14．下面关于 Numpy 的说法正确的是（　　）。

A．Numpy 是 Python 自带的库，不需要单独安装

B．Numpy 提供了一种 ndarray 的数据结构

C．Numpy 中不含求和函数

D．Numpy 只可以进行单个元素的求和

15．pyplot 中绘制图表的函数是（　　）。

A. show()　　B. findall()　　C. plot()　　D. clear()

二、填空题（6′×4）

16. 观察下面代码，将输出值写在横线上。

```
s=[32,56,43,78,85,27]
def find(a,b):
        if b in a:
            print('true')
        else:
            print('false')
comp(s,78)
```

____

```
comp(s[3],55)
```

____

17. 观察下列代码，将输出值写在横线上。

```
s=[13,5,17,5,9,3,6]
s.reverse()
print(s[3])
print(s[4])
```

____

____

18. 在下列代码中写出错误代码行序号，并修改成正确代码。

```
import numpy as np
a=np.ayyay([0,1,2,3,4])                    ①
b=np.array([1,2,3,4,5])
c=a+b                                      ②
c*2                                        ③
sin(c)                                     ④
```

错误序号是____________________

正确代码是____________________

19. 以下程序用 matplotlib 库中的 pyplot 绘制平方图形，请填补空缺行。

```
________________
import numpy as np
x=np.linspace(0,2*pi,100)
y=x*2
__________________
Plt.show()
```

____

____

三、编程题（16′）

20．小明的成绩如下所示，请用 DataFrame 表示，并且将数学成绩改为 90。

```
Math      95
Chinese   90
English   98
Physic    80
Chemistry 85
```

参考答案

模拟卷（一）参考答案

一、选择题

DCABD BACBC ADABA

二、填空题

16. False True

17. 2013 2016

18. ② If a＜"b"

19. import pandas as pd   df = pd.DataFrame(data)

三、编程题

20.

```
import numpy as np
import matplotlib.pyplot as plt
theta = np.linspace(0,2*pi,100)
r1 = theta
x1 = np.cos(theta)
y1 = np.sin(theta)
plt.plot(x1,y1)
plt.axis('equal')
plt.show()
```

模拟卷（二）参考答案

一、选择题

BCDCA CDCAC CABBC

二、填空题

16. True False

17. 5 17

18. ④ np.sin(c)

19. import matplotlib.pyplot as plt   plt.plot(x,y)

三、编程题

20.

```
import pandas as pd
ming = {'Math':95,'Chinese':90,
'English':98,'Physic':80,'Chemistry':85}
ming['Math']=90
```

附录部分

附录1　编程语言的发展历史

1. 1957年——FORTRAN

```
program main
print *,'Hello World'
end
```

FORTRAN，亦译为“福传”，是英文“FORmula TRANslator”的缩写，译为“公式翻译器”，它是世界上最早出现的计算机高级程序设计语言，广泛应用于科学和工程计算领域。FORTRAN语言以其特有的功能在数值、科学和工程计算领域发挥着重要作用。

2. 1958年——LISP

```
;;; HWorld.lsp
;;; This function simply returns the string Hello World that is in
quotes.
(DEFUN HELLO ()
"Hello World!"
)
```

LISP语言（全名LISt Processor，即链表处理语言），是由约翰·麦卡锡在1960年左右创造的一种基于λ演算的函数式编程语言。约翰·麦卡锡于2011年10月24日因病逝世于美国，享年84岁。LISP有很多种方言，各个实现中的语言不完全一样。各种LISP方言的长处在于操作符号性的数据和复杂的数据结构。1980年Guy L. Steele编写了Common Lisp试图进行标准化，这个标准被大多数解释器和编译器所接受。在Unix/Linux系统中，还有一种和Emacs一起的Emacs Lisp（Emacs的拓展语言便是Lisp）非常流行，并建立了自己的标准。LISP最早是20世纪50年代卡内基·梅隆大学的Newell、Shaw、Simon开发的IPL语言。LISP语言的主要现代版本包括Common Lisp和Scheme。LISP拥有理论上最高的运算能力，且在cad绘图软件上的应用非常广泛，普通用户均可以用LISP编写出各种定制的绘图命令。

3. 1959年——COBOL

```
IDENTIFICATION DIVISION.
PROGRAM-ID.   KARTEST2.
ENVIRONMENT DIVISION.
DATA DIVISION.
PROCEDURE DIVISION.
DISPLAY 'Hello World ! '.
GOBACK.
```

COBOL（COmmon Business Oriented Language）是数据处理领域应用最为广泛的程序设计语言，是第一个广泛使用的高级编程语言。在企业管理中，数值计算并不复杂，但数据处理的信息量却很大。为专门解决经企管理问题，1959年由美国的一些计算机用户组织设计了专门用于商务处理的计算机语言 COBOL，并于 1961 年在美国数据系统语言协会公布。经不断修改、丰富、完善和标准化，目前 COBOL 已发展为多种版本。

4. 1964 年——BASIC

```
PRINT "Hello World!"
```

Beginner's All – purpose Symbolic Instruction Code（初学者通用的符号指令代码），原来被作者写作 BASIC，只是后来被微软广泛地叫作 Basic 了。 BASIC 语言是由达特茅斯学院 JohnG.Kemeny 与 ThomasE.Kurtz 两位教授于 20 世纪 60 年代中期所创的。由于 BASIC 语言立意甚佳，简单、易学的基本特性，很快地就流行起来，几乎所有小型、微型以及家用电脑，甚至部分大型电脑，都有提供使用者以此种语言撰写程序。在微电脑方面，则因为 BASIC 语言可配合微电脑操作功能的充分发挥，使得 BASIC 早已成为微电脑的主要语言之一。随着计算机科学技术的迅速发展，特别是微型计算机的广泛使用，计算机厂商不断地在原有的 BASIC 基础上进行功能扩充，出现了多种 BASIC 版本，例如 TRS-80 BASIC、Apple BASIC、GWBASIC、IBM BASIC（即 BASICA）、True BASIC。此时 BASIC 已经由初期小型、简单的学习语言发展成为功能丰富的使用语言。它的许多功能已经能与其他优秀的计算机高级语言相媲美了，而且有的功能（如绘图）甚至超过其他语言。

5. 1968 年——Logo

```
TO HELLO
PRINT [Hello world!]
END
```

LOGO 语言创始于 1968 年，是美国国家科学基金会所资助的一项专案研究，在麻省理工学院（MIT）的人工智能研究室完成。LOGO 源自希腊文，原意为思想，是由一名叫佩伯特的心理学家在从事儿童学习的研究中，发现一些与他的想法相反的教学方法，并在一个假日出外散步时，偶然间看到一个像海龟的机械装置触发灵感后，利用他广博的知识及聪明的才智而最终完成了 LOGO 语言的设计。绘图是 LOGO 语言的最主要的功能，佩伯特博士就是希望能通过绘图的方式来培养学生学习电脑的兴趣和正确的学习观念。LOGO 语言从开始发展到现在，已有 Windows 版本——MSWLogo，包括 Windows 3.X 版及 Windows 9X 版等。在以前的 LOGO 语言中有一个海龟，它有位置与指向两个重要参数，海龟按程序中的 LOGO 指令或用户的操作命令在屏幕上执行一定的动作，现在，海龟被小三角替代。

6. 1970 年——Pascal

```
program HelloWorld;
begin
writeln('Hello World!');
end.
```

Pascal是一种计算机通用的高级程序设计语言。1971年，瑞士联邦技术学院尼克劳斯·沃尔斯（N.Wirth）教授发明了另一种简单明晰的计算机程序设计语言，这就是以电脑先驱帕斯卡的名字命名的Pascal语言。Pascal语言语法严谨，层次分明，程序易写，具有很强的可读性，是第一个结构化的编程语言。它一问世就受到广泛欢迎，迅速地从欧洲传到美国。沃尔斯一生还写作了大量有关程序设计、算法和数据结构的著作，因此，他获得了1984年度“图灵奖”。

7. 1970年——Forth

```
: HELLO ."Hello World!" ;
```

Forth是20世纪60年代末期，由Charles H. Moore发展出来在天文台使用的电脑自动控制系统及程序设计语言，允许使用者组合系统已有的简单指令，定义成为功能较复杂的高阶指令。由于其结构精简、执行快速、操作方便，广为当代天文学界使用。20世纪80年代以后，有爱用者成立Forth Interest Group在世界各地推广，并陆续在各类计算机上建立Forth系统及标准的语言。

8. 1972——C

```
/* Hello World program */
#include<stdio.h>
main()
{
printf("Hello World!");
}
```

C语言是一种面向过程的计算机程序设计语言,最初为Unix而生。它既有高级语言的特点，又具有汇编语言的特点。它可以作为系统设计语言，编写工作系统应用程序，也可以作为应用程序设计语言，编写不依赖计算机硬件的应用程序。因此，它的应用范围广泛。 C语言在对操作系统和系统使用程序以及需要对硬件进行操作的场合，明显优于其他解释型高级语言，有一些大型应用软件也是用C语言编写的。 C语言绘图能力强，可移植性高，并具备很强的数据处理能力（比如访问数据库），因此适于编写系统软件、三维、二维图形和动画。它也是可进行数值计算的高级语言。常用的C语言编译器有Microsoft Visual C++, Watcom C Compiler, Borland C++ Builder, GNU GCC, LCC, TCC, clang, IBM VisualAge, Intel C Compiler, Microsoft C ,High C, Turbo C, 等等。

9. 1972年——Smalltalk

```
'Hello World!'
```

Smalltalk被公认为历史上第二个面向对象的程序设计语言和第一个真正的集成开发环境(IDE)。由Alan Kay、Dan Ingalls、Ted Kaehler和Adele Goldberg等于20世纪70年代初在Xerox PARC研发。Smalltalk对其他众多的程序设计语言的产生起到了极大的推动作用，主要有 Objective-C、Actor、Java 和 Ruby 等。90 年代的许多软件开发思想得利于 Smalltalk，例如 Design Patterns、Extreme Programming(XP) 和 Refactoring 等。

10. 1975 年——Scheme

```
(define hello-world
(lambda ()
(begin
(write 'Hello-World')
(newline)
(hello-world))))
```

Scheme 语言是 LISP 的一个现代变种、方言，它诞生于 1975 年，由 MIT 的 Gerald J. Sussman 和 Guy L. Steele Jr. 完成。与其他 LISP 不同的是，Scheme 是可以编译成机器码的。Scheme 语言的规范很短，总共只有 50 页，甚至连 Common Lisp 规范的索引的长度都不到，但是却被称为现代编程语言王国的皇后。它与以前和以后的 LISP 实现版本都存在一些差异，但是却更易学易用。Scheme 的一个主要特性是可以像操作数据一样操作函数的调用。Scheme 是 MIT 在 20 世纪 70 年代创造出来的，其的主要目的是训练人的机器化思维。以其简洁的语言环境和大量的脑力思考而著称。

11. 1978 年——SQL

```
SELECT somecol FROM foo;
```

SQL (Structured Query Language) 结构化查询语言，是一种数据库查询和程序设计语言，用于存取数据以及查询、更新和管理关系型数据库系统。SQL 是高级的非过程化编程语言，是沟通数据库服务器和客户端的重要工具，允许用户在高层数据结构上工作。它不要求用户指定数据的存储方法，也不需要用户了解具体的数据存放方式，所以，是具有完全不同底层结构的不同数据库系统，可以使用相同的 SQL 语言作为数据输入与管理的 SQL 接口。它以记录集合作为操作对象，所有 SQL 语句接受集合作为输入，返回集合作为输出，这种集合特性允许一条 SQL 语句的输出作为另一条 SQL 语句的输入，所以 SQL 语句可以嵌套使用，这使它具有极大的灵活性和强大的功能，在多数情况下，在其他语言中需要一大段程序实现的功能只需要一个 SQL 语句就可以达到目的，这也意味着用 SQL 语言可以写出非常复杂的语句。

12. 1980 年——C++

```
#include <iostream>
int main()
{
std::cout << "Hello World!" << std::endl;
}
```

C++ 这个词在中国大陆的程序员圈子中通常被读作 “C 加加”，而西方的程序员通常读作 “C plus plus” 或 “CPP”。它是一种使用非常广泛的计算机编程语言。C++ 是一种静态数据类型检查的、支持多重编程范式的通用程序设计语言。它支持过程化程序设计、数据抽象、面向对象程序设计、制作图标等多种程序设计风格。

13．1984——Common Lisp

```
(princ "Hello world!")
```

Common Lisp，缩写为 CL（不要和缩写同为 *CL* 的组合逻辑混淆），是LISP的众多方言之一，它的标准由ANSI X3.226-1994定义。它是为了标准化此前众多的LISP分支而开发的，它本身并不是一个具体的实现，而是各个LISP实现所遵循的规范。它属于一个动态数据类型，但是可以使用可选的类型声明来提高效率和增强安全性。相对于各种嵌入在特定产品中的语言Emacs Lisp 和 AutoLISP，Common Lisp是一个通用用途的编程语言。不像很多早期的LISP，Common Lisp同Scheme一样，其中的变量是有作用域的。

14．1984年——MATLAB

```
disp('Hello World!')
```

MATLAB是由美国MathWorks公司发布的主要面向科学计算、可视化以及交互式程序设计的高科技计算环境。它将数值分析、矩阵计算、科学数据可视化以及非线性动态系统的建模和仿真等诸多强大功能集成在一个易于使用的视窗环境中，为科学研究、工程设计以及必须进行有效数值计算的众多科学领域提供了一种全面的解决方案，并在很大程度上摆脱了传统非交互式程序设计语言（如C、Fortran）的编辑模式，代表了当今国际科学计算软件的先进水平。MATLAB、Mathematica和Maple并称为三大数学软件。它在数学类科技应用软件和数值计算方面首屈一指。MATLAB可以进行矩阵运算、绘制函数和数据、实现算法、创建用户界面、将开发工作界面连接到其他编程语言的程序等，主要应用于工程计算、控制设计、信号处理与通信、图像处理、信号检测、金融建模设计与分析等领域。

15．1986年——Objective-C

```
#import <stdio.h>
int main(void)
{
printf("Hello, World!\n");
return 0;
}
```

Objective-C，通常写作ObjC和较少用的Objective C或Obj-C，是扩充C的面向对象编程语言。它主要使用于Mac OS X和GNUstep这两个OpenStep标准的系统，而在NeXTSTEP和OpenStep中它更是基本语言。Objective-C可以在gcc运作的系统下编写和编译，因为gcc含Objective-C的编译器。20世纪80年代初布莱德·考克斯(Brad Cox)在其公司Stepstone发布了Objective-C。他对软件设计和编程里的真实可用度问题十分关心。关于Objective-C最主要的描述是他1986年出版的Object Oriented Programming: An Evolutionary Approach. Addison Wesley. ISBN 0-201-54834-8.

16. 1986年——Erlang

```
io:format("~s~n", ["hello world!"])
```

Erlang是一种通用的面向并发的编程语言，它由瑞典电信设备制造商爱立信所辖的CS-Lab开发，目的是创造一种可以应对大规模并发活动的编程语言和运行环境。Erlang问世于1987年，经过10年的发展，于1998年发布开源版本。Erlang是运行于虚拟机的解释性语言，但是现在也包含有乌普萨拉大学高性能Erlang计划（HiPE）开发的本地代码编译器，自R11B-4版本开始，Erlang也开始支持脚本式解释器。在编程范型上，Erlang属于多重范型编程语言，涵盖函数式、并发式及分布式等多种方式。顺序执行的Erlang是一个及早求值，单次赋值和动态类型的函数式编程语言。

17. 1987年——Perl

```
print "Hello World!" ;
```

Perl 最初的设计者为拉里·沃尔（Larry Wall），他于1987年12月18日发表该语言。Perl借取了C、sed、awk、shell scripting等很多其他编程语言的特性。其中最重要的特性是它内部集成了正则表达式的功能，以及巨大的第三方代码库CPAN。简而言之，Perl像C一样强大，像awk、sed等脚本描述语言一样方便。Perl 一般被称为 "实用报表提取语言"（Practical Extraction and Report Language），你也可能看到"perl"，所有的字母都是小写的。一般，"Perl"有大写的 P，是指语言本身，而 "perl" 有小写的 p，是指程序运行的解释器。

18. 1990年——Haskell

```
main = print "Hello World!"
```

Haskell是一种纯函数式编程语言，它的命名源自美国数学家Haskell Brooks Curry，他在数理逻辑方面的工作使得函数式编程语言有了广泛的基础。Haskell语言是1990年在编程语言Miranda的基础上标准化的，并且以Lambda-Calculus(兰姆达演算）为基础发展而来。这也是Haskell语言以希腊字母 λ 作为自己的标志的原因。Haskell语言的最重要的两个应用是Glasgow Haskell Compiler(GHC)和Hugs(一个Haskell语言的编译器）。特点是利用很简单的叙述就可以完成对Linked List、矩阵等数据结构的创建与操作。

19. 1991年——Python

```
#python v2
print "Hello World"
#python v3
print("Hello World!")
```

Python是一种面向对象、直译式的计算机程序设计语言，由Guido van Rossum于1989年底发明，第一个公开发行版发行于1991年。Python语法简洁而清晰，具有丰富和强大的类库。它常被昵称为胶水语言，能够很轻松地把用其他语言制作的各种模块（尤其是C/C++）轻松地联结在一起。常见的一种应用情形是，使用Python快速生成程序的原型（有时甚至是程序的最终界面），然后对其中有特别要求的部分，用更合适的语言改写，比如3D游戏中的图形渲染模块，速度要求非常高，就可以用C++重写。

20. 1991年——Visual Basic

```
MsgBox "Hello, world!"
```

Visual Basic是一种由微软公司开发的包含协助开发环境的事件驱动式编程语言。从任何标准来说，VB都是世界上使用人数最多的语言——不论是称赞VB的开发者还是抱怨VB的开发者的数量。它源自于BASIC编程语言。VB拥有图形用户界面（GUI）和快速应用程序开发（RAD）系统，可以轻松地使用DAO、RDO、ADO连接数据库，或者轻松地创建ActiveX控件。程序员可以轻松地使用VB提供的组件快速建立一个应用程序。

21. 1991年——HTML

```
<div>Hello world!</div>
```

超文本标记语言（Hypertext Markup Language，HTML）是用于描述网页文档的一种标记语言。HTML是一种规范，一种标准，它通过标记符来标记要显示的网页中的各个部分。网页文件本身是一种文本文件，通过在文本文件中添加标记符，可以告诉浏览器如何显示其中的内容（如文字如何处理、画面如何安排、图片如何显示等）。浏览器按顺序阅读网页文件，然后根据标记符解释和显示其标记的内容，对书写出错的标记将不指出其错误，且不停止其解释执行过程，编制者只能通过显示效果来分析出错原因和出错部位。但需要注意的是，对于不同的浏览器，同一标记符可能会有不完全相同的解释，因而可能会有不同的显示效果。

22. 1993年——Ruby

```
puts "Hello World!"
```

Ruby，一种为简单快捷的面向对象编程（面向对象程序设计）而创造的脚本语言，在20世纪90年代由日本人松本行弘（**まつもとゆきひろ**/Yukihiro Matsumoto）开发，遵守GPL协议和Ruby License。它的设计灵感与特性来自于Perl、Smalltalk、Eiffel、Ada以及LISP语言。由Ruby语言本身还发展出了JRuby（Java平台）、IronRuby（.NET平台）等其他平台的Ruby语言替代品。Ruby的作者于1993年2月24日开始编写Ruby，直至1995年12月才正式公开发布于fj（新闻组）上。因为Perl发音与6月诞生石pearl（珍珠）相同，因此Ruby以7月诞生石ruby（红宝石）命名。

23. 1993 年——Lua

```
print("Hello World!")
```

Lua 是一个小巧的脚本语言，是由巴西里约热内卢天主教大学(Pontifical Catholic University of Rio de Janeiro)里的一个研究小组(由Roberto Ierusalimschy、Waldemar Celes 和 Luiz Henrique de Figueiredo所组成)于1993年开发的。其设计目的是为了嵌入应用程序中，从而为应用程序提供灵活的扩展和定制功能。Lua由标准C编写而成，几乎在所有操作系统和平台上都可以编译、运行。Lua并没有提供强大的库，这是由它的定位决定的。所以Lua不适合作为开发独立的应用程序语言。Lua 有一个同时进行的JIT项目，提供在特定平台上的即时编译功能。

24. 1995 年——Java

```
public class HelloWorld {
public static void main(String[] args) {
System.out.println("Hello World!");
   }
}
```

Java是一种可以撰写跨平台应用软件的面向对象的程序设计语言，是由Sun Microsystems公司于1995年5月推出的Java程序设计语言和Java平台(即JavaSE, JavaEE, JavaME)的总称。Java 技术具有卓越的通用性、高效性、平台移植性和安全性，广泛应用于个人PC、数据中心、游戏控制台、科学超级计算机、移动电话和互联网等领域，同时拥有全球最大的开发者专业社群。在全球云计算和移动互联网的产业环境下，Java更具备了显著优势和广阔前景。

25. 1995 年——Delphi (Object Pascal)

```
{$APPTYPE CONSOLE}
begin
Writeln( ‘Hello, world!’ );
end.
```

Delphi，是Windows平台下著名的快速应用程序开发工具(Rapid Application Development, RAD)。它的前身是DOS时代盛行一时的“BorlandTurbo Pascal”，最早的版本由美国Borland(宝兰)公司于1995年开发。主创者为Anders Hejlsberg。经过数年的发展，此产品也转移至Embarcadero公司旗下。Delphi是一个集成开发环境(IDE)，使用的核心是由传统Pascal语言发展而来的Object Pascal，以图形用户界面为开发环境，通过IDE、VCL工具与编译器，配合连接数据库的功能，构成一个以面向对象程序设计为中心的应用程序开发工具。

26. 1995 年——Javascript

```
document.write('Hello world!');
```

Javascript是适应动态网页制作需要而诞生的一种新的编程语言，如今广泛地使用于 Internet 网页制作上。Javascript 是由 Netscape 公司开发的一种脚本语言（scripting language），或者称为描述语言。在 HTML 基础上，使用 Javascript 可以开发交互式 Web 网页。Javascript 的出现使得网页和用户之间实现了一种实时性的、动态的、交互性的关系，使网页包含更多活跃的元素和更加精彩的内容。Javascript 短小精悍，又是在客户机上执行的，大大提高了网页的浏览速度和交互能力。同时它又是专门为制作 Web 网页而量身定做的一种简单的编程语言。

27. 1995 年——PHP

```
<?php echo 'Hello, world!' ?>
```

PHP，是英文超级文本预处理语言 Hypertext Preprocessor 的缩写。PHP 是一种 HTML 内嵌式的语言，是一种在服务器端执行的嵌入 HTML 文档的脚本语言，语言的风格类似于 C 语言，被广泛运用。PHP 的独特语法混合了 C、Java、Perl 以及 PHP 自创的语法。它可以比 CGI 或者 Perl 更快速地执行动态网页。与其他的编程语言相比，PHP 是将程序嵌入到 HTML 文档中去执行，执行效率比完全生成 HTML 标记的 CGI 要高许多；PHP 还可以执行编译后代码，可以加密和优化代码运行，使代码运行更快。PHP 具有非常强大的功能，所有 CGI 的功能 PHP 都能实现，而且支持几乎所有主流的数据库以及操作系统。最重要的是 PHP 可以用 C、C++ 进行程序的扩展。

28. 1999 年——D

```
import std.stdio;
void main()
{
  writeln("Hello World!");
}
```

D 语言是由 Digital Mars 公司开发的编程语言，设计初衷是为了改进 C++。它与 C 二进制兼容（不完全），可编译为本地码，也可手动管理内存，语法上借鉴多种语言，模板则在 C++ 的基础上做了相当大的扩充。D 语言既有 C 语言的强大威力，又有 Python 和 Ruby 的开发效率。它是一种集垃圾回收、手工内存操作、契约式设计、高级模板技术、内嵌汇编、内置单元测试、Mixin 风格多继承、类 Java 包管理机制、内置同步机制、内建基本运行时信息的系统级编程语言。

29. 2000 年——C#

```
class ExampleClass
{
    static void Main()
    {
        System.Console.WriteLine("Hello, world!");
    }
}
```

C#（念法：C Sharp [ʃ a:p]）是微软公司在 2000 年 6 月发布的一种新的编程语言，并在微软职业开发者论坛（PDC）上登台亮相。C# 是微软公司研究员 Anders Hejlsberg 的研究成果。它看起来与 Java 有着惊人的相似，包括诸如单一继承、界面、与 Java 几乎同样的语法和编译成中间代码再运行的过程。但是 C# 与 Java 有着明显的不同，它借鉴了 Delphi 的一个特点，与 COM（组件对象模型）是直接集成的，而且它是微软公司 .NET Windows 网络框架的主角。C# 由安德斯·海尔斯伯格主持开发，微软在 2000 年发布了这种语言。

30．2009 年——Go

```
package main
import "fmt"
func main() {
    fmt.Println("Hello World!")
}
```

Go 语言是谷歌推出的一种全新的编程语言，可以在不损失应用程序性能的情况下降低代码的复杂性。谷歌首席软件工程师罗布·派克（Rob Pike）说：我们之所以开发 Go，是因为在过去 10 多年间软件开发的难度令人沮丧。Go 是谷歌 2009 年发布的第二款编程语言。2009 年 7 月，谷歌曾发布了 Simple 语言，它是用来开发 Android 应用的一种 BASIC 语言。

附录2　20世纪最伟大的十大经典算法

一、1946 蒙特卡洛方法

[1946: John von Neumann, Stan Ulam, and Nick Metropolis, all at the Los Alamos Scientific Laboratory, cook up the Metropolis algorithm, also known as the Monte Carlo method.]

1946 年，由美国拉斯阿莫斯国家实验室的三位科学家 John von Neumann、Stan Ulam 和 Nick Metropolis 共同发明，被称为蒙特卡洛方法。

它的具体定义是：在广场上画一个边长 1 米的正方形，在正方形内部用粉笔随意画一个不规则的形状，现在要计算这个不规则图形的面积，怎么计算？蒙特卡洛（Monte Carlo）方法告诉我们，均匀地向该正方形内撒 N（N 是一个很大的自然数）粒黄豆，随后数数有多少粒黄豆在这个不规则几何形状内部，比如说有 M 粒，那么，这个奇怪形状的面积便近似于 M/N，N 越大，算出来的值便越精确。在这里我们要假定豆子都在一个平面上，相互之间没有重叠。（撒黄豆只是一个比喻。）

蒙特卡洛方法可用于近似计算圆周率：让计算机每次随机生成两个 0 到 1 之间的数，看这两个实数是否在单位圆内。生成一系列随机点，统计单位圆内的点数与总点数，内接圆面积和正方形面积之比为 PI ：4，PI 为圆周率。

二、1947 单纯形法

[1947: George Dantzig, at the RAND Corporation, creates the simplex method for linear programming.]

1947 年，兰德公司的 Grorge Dantzig 发明了单纯形方法。此后成为了线性规划学科的重要基石。所谓线性规划，简单地说，就是给定一组线性（所有变量都是一次幂）约束条件（例如 a1*x1+b1*x2+c1*x3>0)，求一个给定的目标函数的最值。

这么说似乎也太抽象了，但在现实中能派上用场的例子可不罕见——比如对于一个公司而言，其能够投入生产的人力物力有限（“线性约束条件”)，而公司的目标是利润最大化（“目标函数取最大值”)，如此看来，线性规划并不抽象！

线性规划作为运筹学（Operation Research）的一部分，成为管理科学领域的一种重要工具。

而 Dantzig 提出的单纯形法便是求解类似线性规划问题的一个极其有效的方法。

三、1950 Krylov 子空间迭代法

[1950: Magnus Hestenes, Eduard Stiefel, and Cornelius Lanczos, all from the Institute for Numerical Analysis at the National Bureau of Standards, initiate the development of Krylov subspace iteration methods.]

1950 年，美国国家标准局数值分析研究所的 Magnus Hestenes、Eduard Stiefel 和 Cornelius Lanczos 发明了 Krylov 子空间迭代法。

Krylov 子空间迭代法是用来求解形如 $Ax=b$ 的方程，A 是一个 $n*n$ 的矩阵，当 n 充分大时，直接计算变得非常困难，而 Krylov 方法则巧妙地将其变为 Kxi+1=Kxi+b−Axi 的迭代形式来求解。这里的 K(来源于作者俄国人 Nikolai Krylov 姓氏的首字母）是构造出来的一个接近于 A 的矩阵，而迭代形式的算法的妙处在于，它将复杂问题化简为阶段性的易于计算的子问题。

四、1951 矩阵计算的分解方法

[1951: Alston Householder of Oak Ridge National Laboratory formalizes the decompositional approach to matrix computations.]

1951 年，阿尔斯通橡树岭国家实验室的 Alston Householder 提出矩阵计算的分解方法。这个算法证明了任何矩阵都可以分解为三角、对角、正交和其他特殊形式的矩阵，该算法的意义使得开发灵活的矩阵计算软件包成为可能。

五、1957 优化的 Fortran 编译器

[1957: John Backus leads a team at IBM in developing the Fortran optimizing compiler.]

1957 年，John Backus 领导 IBM 的一个团队，创造了 Fortran 优化编译器。

Fortran，亦译为福传，是由 Formula 和 Translation 两个单词组合而成，意思是“公式翻译”。它是世界上第一个被正式采用并流传至今的高级编程语言。这个语言现在已经发展到了 Fortran 2008，并为人们所熟知。

六、1959—1961 计算矩阵特征值的 QR 算法

[1959—1961: J.G.F. Francis of Ferranti Ltd, London, finds a stable method for computing eigenvalues, known as the QR algorithm.]

1959—1961 年，伦敦费伦蒂有限公司的 J.G.F. Francis 找到了一种计算稳定特征值的方法，这就是著名的 QR 算法。

这也是一个和线性代数有关的算法，学过线性代数的同学应该记得“矩阵的特征值”，计算特征值是矩阵计算的最核心内容之一，传统的求解方案涉及高次方程求根，当问题规模大的时候十分困难。QR 算法把矩阵分解成一个正交矩阵与一个上三角矩阵的积，和前面提到的 Krylov 方法类似，这又是一个迭代算法，它把复杂的高次方程求根问题化简为阶段性的易于计算的子步骤，使得用计算机求解大规模矩阵特征值成为可能。

七、1962 快速排序算法

[1962: Tony Hoare of Elliott Brothers, Ltd., London, presents Quicksort.]

1962 年，伦敦埃利奥特兄弟有限公司的 Tony Hoare 提出了快速排序。

快速排序算法作为排序算法中的经典算法，它的应用随处可见。快速排序算法最早由 Tony Hoare 爵士设计，它的基本思想是将待排序列分为两半，左边的一半总是“小的”，右边的一半总是“大的”，这一过程不断递归持续下去，直到整个序列有序。说起这位 Tony Hoare 爵士，快速排序算法其实只是他不经意间的小小发现而已，他对于计算机的贡献主要包括形式化方法理论，以及 ALGOL60 编程语言的发明等，他也因这些成就获得 1980 年图灵奖。快速排序的平均时间复杂度仅仅为 $O(N\log(N))$，相比于普通选择排序和冒泡排序等而言，实在是历史性的创举。

八、1965 快速傅立叶变换

[1965: James Cooley of the IBM T.J. Watson Research Center and John Tukey of Princeton University and AT&T Bell Laboratories unveil the fast Fourier transform.]

1965 年，IBM 华生研究院的 James Cooley，普林斯顿大学的 John Tukey，以及 AT & T 贝尔实验室共同推出了快速傅立叶变换。

快速傅立叶算法是离散傅立叶算法（这可是数字信号处理的基石）的一种快速算法，其时间复杂度仅为 $O(N\log(N))$；比时间效率更为重要的是，快速傅立叶算法非常容易用硬件实现，因此它在电子技术领域得到极其广泛的应用。

九、1977 整数关系探测算法

[1977: Helaman Ferguson and Rodney Forcade of Brigham Young University advance an integer relation detection algorithm.]

1977 年，Helaman Ferguson 和杨百翰大学的 Rodney Forcade，提出了 Forcade 检测算法的整数关系。整数关系探测是个古老的问题，其历史甚至可以追溯到欧几里得的时代。具体地说：

给定一组实数 $x_1,x_2,\cdots,x_n$，是否存在不全为零的整数 $a_1,a_2,\cdots,a_n$，使得 $a_1 x_1 + a_2 x_2 + \cdots + a_n x_n = 0$?

杨百翰大学的 Helaman Ferguson 和 Rodney Forcade 解决了这一问题。

该算法应用于“简化量子场论中的 Feynman 图计算”。

十、1987 快速多极算法

[1987: Leslie Greengard and Vladimir Rokhlin of Yale University invent the fast multipole algorithm.]

1987 年，Greengard 和耶鲁大学的 Rokhlin 发明了快速多极算法。此快速多极算法用来计算“经由引力或静电力相互作用的 N 个粒子运动的精确计算——如银河系中的星体，或者蛋白质中的原子间的相互作用”。

附录3 Excel的发展史

1982 年

Microsoft 推出了它的第一款电子制表软件——Multiplan，并在 CP/M 系统上大获成功，但在 MS-DOS 系统上，Multiplan 却败给了 Lotus1-2-3（一款较早的电子表格软件）。这个事件促进了 Excel 的诞生，正如 Excel 研发代号 DougKlunder：做 Lotus 1-2-3 能做的，并且做得更好。

1983 年 9 月

比尔·盖茨召集了微软最优秀的软件专家在西雅图的红狮宾馆召开了为期 3 天的“头脑风暴会议”。盖茨宣布此次会议的宗旨就是尽快推出世界上最高速的电子表格软件。

1985 年

第一款 Excel 诞生，它只适用于 Mac 系统，中文译名为“超越”。

1987 年

第一款适用于 Windows 系统的 Excel 产生了（与 Windows 环境直接捆绑，在 Mac 中的版本号为 2.0）。Lotus 1-2-3 迟迟不能适用于 Windows 系统，到了 1988 年，Excel 的销量超过了 Lotus 1-2-3，使得 Microsoft 站在了 PC 软件商的领先位置。这次事件促成了软件王国霸主的更替，Microsoft 巩固了它强有力的竞争者地位，并从中找到了发展图形软件的方向。

此后大约每两年，Microsoft 就会推出新的版本来扩大自身的优势，目前 Excel 的最新版本为 Microsofot Office Excel 2016。

早期，由于和另一家公司出售的名为 Excel 的软件同名，Excel 曾成为商标法的目标，经过审判，Microsoft 被要求在它的正式文件和法律文档中以 Microsoft Excel 来命名这个软件。但是，随着时间的过去，这个惯例也就逐渐消失了。Excel 虽然提供了大量的用户界面特性，但它仍然保留了第一款电子制表软件 VisiCalc 的特性：行、列组成单元格，数据、与数据相关的公式或者对其他单元格的绝对引用保存在单元格中。

Excel 是第一款允许用户自定义界面的电子制表软件（包括字体、文字属性和单元格格式）。它还引进了“智能重算”的功能，当单元格数据变动时，只有与之相关的数据才会更新，而原先的制表软件只能重算全部数据或者等待下一个指令。同时，Excel 还有强大的图形功能。

1993 年

Excel 第一次被捆绑进 Microsoft Office 中时，Microsoft 就对 Microsoft Word 和 Microsoft Powerpoint 的界面进行了重新设计，以适应这款当时极为流行的应用程序。

从 1993 年，Excel 就开始支持 Visual Basic for Applications（VBA）。VBA 是一款功能强大的工具，它使 Excel 形成了独立的编程环境。使用 VBA 和宏，可以将手工步骤自动化，VBA 也允许创建窗体来获得用户输入的信息。但是，VBA 的自动化功能也导致 Excel 成为宏病毒的攻击目标。

1995 年

Excel 被设计为用户所需要的工具。无论是做一个简单的摘要、制作销售趋势图，还是执行高级分析，Microsoft Excel都能按照用户希望的方式完成工作。

1997年

Excel 97是Office 97中一个重要程序，Excel一经问世，就被认为是功能强大、使用方便的电子表格软件。它可完成表格输入、统计、分析等多项工作，可生成精美直观的表格、图表，为日常生活中处理各式各样的表格提供了良好的工具。此外，因为Excel和Word同属于Office套件，所以它们在窗口组成、格式设定、编辑操作等方面有很多相似之处，因此，在学习Excel时要注意应用以前在Word中已学过的知识。

2001年

利用Office XP中的电子表格程序——Microsoft Excel 2002版，可以快速创建、分析和共享重要的数据。诸如智能标记和任务窗格的新功能简化了常见的任务。协作方面的增强则进一步精简了信息的审阅过程。新增的数据恢复功能确保用户不会丢失自己的劳动成果。刷新查询功能可以集成来自Web及任意其他数据源的活动数据。

2003年

Excel 2003能够通过功能强大的工具将杂乱的数据组织成有用的Excel信息，然后分析、交流和共享所得到的结果。它能帮助用户在团队中工作得更为出色，并能保护和控制用户对工作的访问。另外，用户还可以使用符合行业标准的扩展标记语言（XML），更方便地连接到业务程序中。

2007年

1. 在Excel 2003中显示活动单元格的内容时，编辑栏常会越位，挡住列标和工作表的内容。特别是在编辑栏下面的单元格有一个很长的公式时，此时单元格内容根本看不见，也无法双击、拖动填充柄。而Excel 2007中用编辑栏上下箭头（如果调整编辑栏高度，则出现流动条）和折叠编辑栏按钮完全可以解决此问题，不再占用编辑栏下方的空间。调整编辑栏的高度，有两种方式：拖曳编辑栏底部的调整条，或双击调整条。调整编辑栏的高度时，表格也随之下移，因此表里的内容不再会被覆盖到，同时还为这些操作添加了快捷键（Ctrl+Shift+U），以便在编辑栏的单行和多行模式间快速切换。

2. Excel 2003的名称地址框是固定的，不能用来显示长名称。而Excel 2007则可以左右活动，有水平方向调整名称框的功能。用户可以通过左右拖曳名称框的分隔符（下凹圆点），来调整宽度，使其能够适应长名称。

3. Excel 2003编辑框内的公式限制还是让人恼火的，Excel 2007有几个方面做出了改进。

（1）公式长度限制（字符），Excel 2003限制为1k个字符，Excel 2007限制为8k个字符；

（2）公式嵌套的层数限制，Excel 2003 限制为 7 层，Excel2007 限制为 64 层；

（3）公式中参数的个数限制，Excel 2003 限制为 30 个，Excel 2007 限制为 255 个。

2010 年

Excel 2010 具有强大的运算与分析能力。从 Excel 2007 开始，改进的功能区使操作更直观、更快捷，实现了质的飞跃。不过进一步提升效率、实现自动化，单靠功能区的菜单功能是远远不够的。在 Excel 2010 中使用 SQL 语句，能灵活地对数据进行整理、计算、汇总、查询、分析等处理，尤其在面对大数据量工作表的时候，SQL 语言能够发挥其更大的威力，快速提高办公效率。

Excel 2010 可以通过比以往更多的方法分析、管理和共享信息，从而做出更好、更明智的决策。全新的分析和可视化工具可跟踪和突出显示重要的数据趋势。可以在移动办公时从几乎所有 Web 浏览器或 Smartphone 访问重要数据。甚至可以将文件上载到网站并与其他人同时在线协作。无论是要生成财务报表还是管理个人支出，使用 Excel 2010 都能够更高效、更灵活地实现目标。

2012 年

微软公司 2012 年推出了 Microsoft Excel 2013。Excel 2013 通过新的方法更直观地浏览数据。只需单击一下，即可直观展示、分析和显示结果。准备就绪后，就可以轻松地分享新得出的见解。

附录4　Python常用模块介绍

Python 除了关键字（keywords）和内置的类型与函数（builtins）之外，更多的功能是通过 libraries（即 modules）来提供的。

常用的 libraries（modules）如下：

一、Python 运行时服务

* copy： copy 模块提供了对复合（compound）对象（list，tuple，dict，custom class）进行浅拷贝和深拷贝的功能。

* pickle： pickle 模块被用来序列化 Python 的对象到 bytes 流，比较适合存储到文件、网络传输或数据库存储。（pickle 的过程也被称为 serializing、marshalling 或者 flattening，pickle 同时可以用来将 bytes 流反序列化为 Python 的对象。）

* sys：sys 模块包含了跟 Python 解析器和环境相关的变量和函数。

* 其他：atexit，gc，inspect，marshal，traceback，types，warnings，weakref。

二、数学

* decimal：Python 中的 float 是使用双精度的二进制浮点编码来表示的，这种编码导致小数不能被精确地表示，例如 0.1 实际上内存中为 0.100000000000000001，还有 3*0.1 == 0.3 为 False。decimal 就是为了解决类似的问题，拥有更高的精确度，能表示更大范围的数字，更精确地四舍五入。

* math：math 模块定义了标准的数学方法，例如 cos(x)，sin(x) 等。

* random：random 模块提供了各种方法用来产生随机数。

* 其他：fractions，numbers。

三、数据结构、算法和代码简化

* array：array 代表数组，类似于 list，与 list 不同的是只能存储相同类型的对象。

* bisect：bisect 是一个有序的 list，其中内部使用二分法（bitsection）来实现大部分操作。

* collections：collections 模块包含了一些有用的容器的高性能实现，各种容器的抽象基类，和创建 name-tuple 对象的函数。例如包含了容器 deque，defaultdict，namedtuple 等。

* heapq：heapq 是一个使用 heap 实现的带有优先级的 queue。

* itertools：itertools 包含了函数用来创建有效的 iterators。所有的函数都返回 iterators 或者函数包含 iterators（例如 generators 和 generators expression）。

* operator：operator 提供了访问 Python 内置的操作和解析器提供的特殊方法，例如 x+y 为 add（x, y），x+=y 为 iadd（x, y），a % b 为 mod（a, b）等。

* 其他：abc，contextlib，functools。

四、string 和 text 处理

*codecs：codecs 模块被用来处理不同的字符编码与 unicode text io 的转化。

* re：re 模块用来对字符串进行正则表达式的匹配和替换。

* string：string 模块包含大量有用的常量和函数用来处理字符串。也包含了新字符串格式的类。

* struct：struct 模块被用来在 Python 和二进制结构间实现转化。

* unicodedata：unicodedata 模块提供访问 unicode 字符的数据库。

五、Python 数据库访问

* 关系型数据库拥有共同的规范 Python Database API Specification V2.0，而 MySQL、Oracle 等都实现了此规范，然后增加了自己的扩展。

* sqlite3: sqlite3 模块提供了 SQLite 数据库的访问接口。SQLite 数据库是以一个文件或内存的形式存在的自包含的关系型数据库。

* DBM-style 数据库模块：Python 提供了大量的 modules 来支持 UNIX DBM-style 数据库文件。dbm 模块用来读取标准的 UNIX-dbm 数据库文件，gdbm 用来读取 GNU dbm 数据库文件，dbhash 用来读取 Berkeley DB 数据库文件。所有的这些模块提供了一个对象，实现了基于字符串的持久化的字典，它与字典 dict 非常相似，但是它的 keys 和 values 都必须是字符串。

* shelve：shelve 模块使用特殊的"shelf"对象来支持持久化对象。这个对象的行为与 dict 相似，但是其存储的所有对象都使用基于 hashtable 的数据库（dbhash，dbm，gdbm）存储在硬盘。与 dbm 模块的区别是所存储的对象不仅是字符串，还可以是任意的与 pickle 兼容的对象。

六、文件和目录处理

* bz2：bz2 模块用来处理以 bzip2 压缩算法压缩的文件。

* filecmp：filecmp 模块提供了函数来比较文件和目录。

* fnmatch：fnmatch 模块提供了使用 UNIX shell-style 的通配符来匹配文件名。这个模块只是用来匹配，使用 glob 可以获得匹配的文件列表。

* glob：glob 模块返回了某个目录下与指定的 UNIX shell 通配符匹配的所有文件。

* gzip：gzip 模块提供了类 GzipFile，用来执行与 GNUzip 程序兼容的文件的读写。

* shutil：shutil 模块用来执行更高级别的文件操作，如拷贝、删除、改名。shutil 操作只针对一般的文件，不支持 pipes、block devices 等文件类型。

* tarfile：tarfile 模块用来维护 tar 存档文件。tar 没有压缩的功能。

* tempfile：tempfile 模块用来产生临时文件和文件名。

* zipfile：zipfile 模块用来处理 zip 格式的文件。

* zlib：zlib 模块提供了对 zlib 库的压缩功能的访问。

七、操作系统的服务

* cmmands：commands模块被用来执行简单的系统命令，命令以字符串的形式传入，且同时以字符串的形式返回命令的输出。但是此模块只在UNIX系统上可用。

* configParser：configParser模块用来读写Windows的ini格式的配置文件。

* datetime：datetime模块提供了各种类型来表示和处理日期与时间。

* errno：定义了所有的errorcode对应的符号名字。

* io：io模块实现了各种IO形式和内置的open()函数。

* logging：logging模块灵活方便地对应用程序记录events、errors、warnings和debuging信息。这些log信息可以被收集、过滤，写到文件或系统log，甚至通过网络发送到远程的机器上。

*mmap：mmap模块提供了对内存映射文件对象的支持，使用内存映射文件的方法与使用一般的文件或byte字符串相似。

*msvcrt:mscrt只可以在Windows系统使用,用来访问Visual C运行时库的很多有用的功能。

*optparse：optparse模块更高级别来处理UNIX style的命令行选项sys.argv。

* os：os模块对通用的操作系统服务提供了可移植的（portable）接口。os可以认为是nt和posix的抽象。nt提供Windows的服务接口，posix提供UNIX（linux，mac）的服务接口。

* os.path：os.path模块以可移植的方式来处理路径相关的操作。

* signal：signal模块用来实现信号（signal）处理，往往跟同步有关。

* subprocess：subprocess模块包含了函数和对象来统一创建新进程，控制新进程的输入、输出流，处理进程的返回。

* time：time模块提供了各种与时间相关的函数。常用的是time.sleep()。

* winreg：winreg模块用来操作Windows注册表。

* 其他：fcntl。

八、线程和并行

* multiprocessing：multiprocessing模块提供通过subprocess来加载多个任务，通信，共享数据，执行各种同步操作。

* threading：threading模块提供了很多thread类的同步方法来实现多线程编程。

* queue：queue 模块实现了各种多生产者、多消费者队列，被用来实现多线程程序的信息安全交换。

* 其他：coroutines，microthreading。

九、网络编程和套接字（sockets）

* asynchat：asynchat 模块通过封装 asyncore 来简化应用程序的网络异步处理。

* ssl：ssl 模块被用来使用 Secure Sockets Layer（SSL）包装 socket 对象，从而实现数据加密和终端认证功能。Python 使用 openssl 来实现此模块。

* socketserver：socketserver 模块提供了类型简化了 TCP、UDP 和 UNIX 领域的 socket server 的实现。

* 其他：asyncore，select。

十、Internet 应用程序编程

* ftplib：ftplib 模块实现了 ftp 的 client 端协议。此模块很少使用，因为 urllib 提供了更高级的接口。

* http 包：http 包含了 http client 和 server 的实现和 cookies 管理的模块。

* smtplib：smtplib 包含了 smtp client 的底层接口，用来使用 smtp 协议发送邮件。

* urllib：urllib 包提供了高级的接口来实现与 http server，ftp server 和本地文件交互的 client。

* xmlrpc：xmlrpc 模块被用来实现 XML-RPC client。

十一、Web 编程

* cgi：cgi 模块用来实现 cgi 脚本，cgi 程序一般被 webserver 执行，用来处理用户在 form 中的输入，或生成一些动态的内容。当与 cgi 脚本有关的 request 被提交，webserver 将 cgi 作为子进程执行，cgi 程序通过 sys.stdin 或环境变量来获得输入，通过 sys.stdout 来输出。

* webbrowser：webbrowser 模块提供了平台独立的工具函数来使用 web browser 打开文档。

* 其他：wsgiref，WSGI (Python Web Server Gateway Interface)。

十二、Internet 数据处理和编码

* base64：base64 模块提供了 base64、base32、base16 编码方式，用来实现二进制与文本间的编码和解码。base64 通常用来编码二进制数据，从而嵌入到邮件或 HTTP 协议中。

* binascii：binascii 模块提供了低级的接口来实现二进制和各种 ASCII 编码之间的转化。

* csv：csv 模块用来读写 comma-separated values（csv）文件。

* email:email包提供了大量的函数和对象来使用MIME标准来表示,解析和维护email消息。

* hashlib：hashlib 模块实现了各种 secure hash 和 message digest algorithms，如 MD5 和 SHA1。

* htmlparser（html.parser）：此模块定义了 HTMLParser 来解析 HTML 和 XHTML 文档。使用此类，需要定义自己的类且继承于 HTMLParser。

* json：json 模块被用来序列化或反序列化 Javascript object notation（JSON）对象。

* xml：xml 包提供了各种处理 xml 的方法。

（摘自脚本之家）

反侵权盗版声明

举报电话：（010）88254396；（010）88258888
传　　真：（010）88254397
E-mail：　dbqq@phei.com.cn
通信地址：北京市万寿路 173 信箱
　　　　　电子工业出版社总编办公室
邮　　编：100036